A DEGREE IN A BOOK

宇宙学是什么
COSMOLOGY

［美］斯特恩·奥登瓦尔德（Sten Odenwald）著 朱桔 译

中信出版集团｜北京

图书在版编目（CIP）数据

宇宙学是什么 /（美）斯特恩·奥登瓦尔德
（Sten Odenwald）著；朱桔译 . —北京：中信出版社，
2021.10
书名原文：A degree in a book: Cosmology
ISBN 978-7-5217-3500-0

I. ①宇⋯   II. ①斯⋯ ②朱⋯   III. ①宇宙学－普及
读物   IV. ① P159–49

中国版本图书馆 CIP 数据核字（2021）第 174565 号

宇宙学是什么
著者：　　　［美］斯特恩·奥登瓦尔德
译者：　　　朱桔
策划推广：中信出版社（China CITIC Press）
出版发行：中信出版集团股份有限公司
　　　　　（北京市朝阳区惠新东街甲 4 号富盛大厦 2 座　邮编　100029）
承印者：北京尚唐印刷包装有限公司

开本：880mm×1230mm 1/24　　　印张：10.75　　　字数：250 千字
版次：2021 年 10 月第 1 版　　　印次：2021 年 10 月第 1 次印刷
京权图字：01–2020–0263　　　　书号：ISBN 978–7–5217–3500–0
定价：69.80 元

目 录

引言
什么是宇宙学？

宇宙学这门科学的现代定义是：将整个宇宙作为一个物理系统，对其现有结构、起源、演化及未来的研究。这一领域的目标是基于我们现有的关于物质、空间和时间的最好理论，建立能解释科学家多年来积累的大量观测结果的完整图景。这些观测结果来自包括望远镜在内的各种地面上和太空中的精密天文学仪器。

宇宙学的发展与我们对宇宙基本组成的理解密切相关，这些基本组成包含物质、能量、空间和时间。它们构成了物理学家和天文学家为辨明支配我们宇宙的基本自然定律所进行的研究的核心。以上信息大量涵盖于量子力学以及广义相对论的理论范畴中。量子力学借助名为标准模型的理论对物质的基本组成做出了详细描述，而广义相对论则阐释了引力运行的机制：通过一套完善的数学体系，引力场与四维时空连续体的几何性质被等同起来。

现代宇宙学起源于英国科学家艾萨克·牛顿爵士在17世纪做出的工作。后来，他对引力细致的数学描述迅速得到拓展，用以解释曾经十分神秘的行星运动，乃至构造出宇宙在万有引力下运行的首个科学模型。早先对宇宙无限尺度的"证明"主要是哲学或宗教性的。有了牛顿的理论，首个基于物理学的对于无垠宇宙空间的动力学解释终于诞生。时至今日，在德国物理学家阿尔伯特·爱因斯坦创立的名为广义相对论的具有相对论性的引力理论的基础上，研究者提出了"大爆炸宇宙学"的构想。这一成功的数学框架是如今所有现代宇宙学理论的基础。

宇宙学追求的是揭开宇宙的奥秘，例如宇宙中两种主要"暗"成分——"暗物质"和"暗能量"的性质。在世界各地主要的物理实验室同时进行的各类研究有助于回答这些问题。最近，对引力波的成功探测再次证明了爱因斯坦的广义相对论作为首屈一指的引力理论的地位。同时，天文学家以直接成像的方式观测了宇宙"诞生"后1亿年内第一批恒星和星系的形成，并继续利用望远镜获取着有关宇宙大尺度结构及其自身早期历史的信息。科学家还量化并解释了宇宙微波背景（CMB）辐射，它如今被认为是记录下早期宇宙"暗物质"团演化，以及宇宙历史中最早的"暴胀"时期痕迹的物理介质。

对宇宙演化早期阶段的探索已经到了将所谓的量子引力研究中的复杂物理学理论应用于阐释宇宙形成的最初时刻的阶段。在这方面，宇宙学基本上已成为高能理论物理学及对自然界统一理论的研究的子领域。这类高度数学化的工作将宇宙"起源"的问题视为深入了解物理世界和现实本身性质的关键：时间和空间是量子化的吗？是否存在多元宇宙？天文学观测或许能帮助理论物理学家回答许多这种非常微妙而深刻的问题。我们对宇宙已经了解了很多，有待探索的部分也很多。对任何想攻读一个宇宙学学位的人来说，现在是学习和了解我们神奇的宇宙——它是如何诞生的，宇宙中现在正发生着什么，以及一切将如何终结——的最好时机。

现代宇宙学研究涉及极大和极小的尺度，为此，我们需要用到名为科学计数法的表示方法。例如，149可以表示成 1.49×10^{2}，0.000 657 则是 6.57×10^{-4}。有时我们还会使用前缀（例如千、兆或微）来表示一些物理单位，比如12 000 000秒差距会被写作12兆秒差距（Mpc），而0.000 013米则是13微米。在本书中，我将采用国际单位制（SI）。力将以牛顿为单位，温度的单位将根据需要使用开尔文（K）或摄氏度（℃）。此外，一个天文单位（AU）的天文学测量值是 1.496×10^{11} 米，一光年是 9.46×10^{12} 千米，一秒差距则等于3.26光年。

卡米耶·弗拉马里翁的木版画，由现代艺术家上色，收录于《大气：大众气象学》(1886年)，这是一部旨在向公众揭开天文学神秘面纱的早期作品

第一章
探索宇宙

理性及实用宇宙学的黎明—抽象思维—巨石记录—古代宇宙学：古巴比伦、古印度、古希腊—星表：依巴谷、托勒密—开普勒的太阳系—太阳系的物理尺度—伽利略望远镜

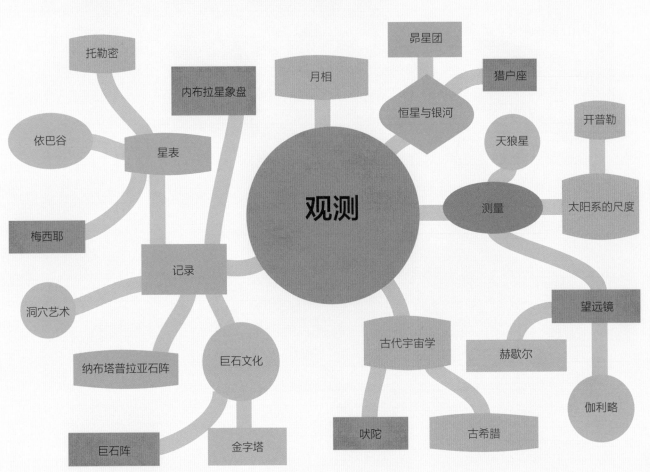

理性及实用宇宙学的黎明

4万年前，我们的祖先还是只能勉强维生的务实的狩猎采集者。他们将大部分时间用于寻找可食用的植物，或是追踪主要可食用动物的迁徙路线。

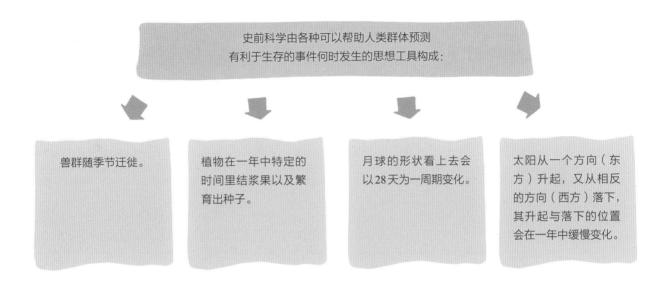

史前科学由各种可以帮助人类群体预测
有利于生存的事件何时发生的思想工具构成：

兽群随季节迁徙。	植物在一年中特定的时间里结浆果以及繁育出种子。	月球的形状看上去会以28天为一周期变化。	太阳从一个方向（东方）升起，又从相反的方向（西方）落下，其升起与落下的位置会在一年中缓慢变化。

我们的祖先应该已经认识到了这些自然运动具有周期性规律，并利用这一点预测地球上对他们生存至关重要的事件，以做出相应的计划。

月相的延时摄影

天空中由恒星组成的图案每月向西移动，但它们本身的形状保持不变，无论人类世界如何世代更迭。如今，我们将这些恒星构成的图案称为"星座"。猎户座看起来永远是猎户座，天蝎座看起来永远是天蝎座。每晚，整个夜空看上去都在围绕天上一个固定的点旋转，它被称为"北"，与之相反的则是"南"。在北半球的冬天，南半球的天气正温暖；而在北半球的夏天，南半球则很凉爽。鉴于我们的祖先拥有与我们相当的智力水平，很难认为他们对以上种种基本观测事实或其背后的天文学世界毫无了解，无论他们想象出怎样的故事来解释这些现象。

宇宙学与大脑进化

创造宇宙学概念所需的一系列技巧和能力，来自我们大脑的结构本身及其在数千年间的进化成果。为了对世界建立一个稳定且准确的模型，大脑需要做的第一件事就是感知自身以及自己在空间中的位置。它还必须将这个"自我"与其他人或物体区分开。大脑如果不能准确地做到这一点，就无法决定我们如何在空间中运动并预测运动的后果，也无法预测和理解他人的行动。以上大部分工作由颞顶联合区处理，它将从边缘系统（掌管情绪状态）和丘脑（掌管记忆）获取的信息与来自视觉、听觉及身体内部感知系统的信息相结合，创造出有关身体在空间中位置的整体内部模型。接下来，后扣带皮质令我们感觉身体在空间中处于一个确切的位置，而这正是人体所在之处——"自我"的位置。最后，后顶上小叶赋予我们自身与世界其余部分间的边界感。当大脑这一区域的活动减少时，我们将体会到"与宇宙融为一体"的感觉，而身体则在某种意义上变成了无限的。

正如大脑将一组空间中的关联总结并定义为"猫"的概念一样，它也能探测到外部世界随时间变化的模式，发现一个事件如何导致另一个事件，并将其视作经验规律或自然法则。这种对因果关系的感知要归功于小脑和海马体的活动。对人类而言，这些大脑区域全都经过了数百万年的进化，我们由此得以体验客观物理世界的基本组成部分，从中提取逻辑关系，并利用以上各种元素构建出宇宙学这一研究对象。

抽象思维

大部分史前科学不过是对所有迁徙动物都有的基本知识的细微扩充，其他动物肯定也清楚季节性及昼夜的变化，并据此决定何时迁徙。但我们的祖先更进一步，想出了一个绝妙的主意：以各种方式交流和记录他们的知识，并将其传递给后代。其中最引人注目的要属我们早期的尼安德特人前辈于65 000年前在洞窟壁上画的画——这些壁画不仅准确地描绘了当时各种重要的动物，西班牙的阿维纳斯和马尔特拉维索洞窟深处还绘（印）有类似梯子的形状以及点和手印。

南非布隆博斯洞窟中约73 000年前尼安德特人留下的艺术品

在印度尼西亚发现的一个可以追溯至50万年前的贝壳上的锯齿状标记，被认为是另一种早期人类——直立人的作品。发现于南非布隆博斯洞窟的一块刻有类似锯齿形线条的红色赭石能够追溯到距今约73 000年前。到了40 000年前，人类已经开始观测自然及自然周期，这些观测是以自然为研究对象的现代科学方法的前身，而从有关这些信息的各种记录中则发展出了数学——我们的史前祖先对此愈发着迷，乃至其艺术作品中出现了许多抽象的、非写实的图形。

布朗夏尔骨刀的复制品，这是约 32 000 年前波尔多地区的奥瑞纳文化制作的阴历

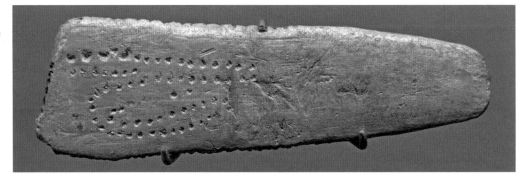

除了太阳、月球、恒星及行星的运动，天空中还有我们祖先熟悉的其他细节。这些远古祖先眼中的夜空与我们在远离城市灯光时看到的夜空相差无几。壮美的银河及其微弱的光晕极具存在感，也是人眼相当容易看到的目标，银河以与太阳在天空中穿行的轨迹（"黄道面"）截然不同的角度将夜空一分为二。如果在最初的一瞥后认真研究夜空的细节，你会开始注意到其他非点状的天体。

夜间的银河系照片

黄道面 ▶ 太阳在天空中穿过的轨迹。

亚欧大陆与美洲大陆的许多文明都注意到了昴星团（又称七姐妹星团）的存在。这7颗恒星出现在了今德国北部可追溯至公元前1600年的内布拉星象盘上。古巴比伦人在其公元前2300年的星表中将这一恒星系统称为"MulMul"，意思是"恒星–恒星"。其他许多非恒星天体也能够被适应黑暗后的裸眼轻松看到，例如仙女星系、猎户星云和武仙星团。在天空中能看到的最亮的非恒星天体是行星、彗星、流星以及月球，不过，除了希腊神话和昴星团原本是阿特拉斯的女儿们的传说，我们的祖先似乎并没有太过关注这些模糊不清的天体。直到数千年后，人类科技才令我们得以研究这些物体并由此推断宇宙的真实尺度。

在内布拉附近的米特尔贝格被发现的内布拉星象盘（德国），公元前1600年左右。它上面的图案一般被看作太阳（或满月）、新月和恒星（包括一团被认为是昴星团的恒星）。边缘两条金色弧形是后来被加上的，用来标记冬至与夏至点间的角度

巨石记录

我们祖先对天文学的实际应用中最令人印象深刻的例子，莫过于排列方式与太阳和月球的基本周期相关的各种巨石纪念碑。

这些纪念碑中最有名的是英国的巨石阵，它于公元前3000—前2000年间分数个阶段建成。在夏至当天从巨石阵中心看去，太阳会从踵石的方向升起。而冬至时，在建于公元前3200年左右的爱尔兰的纽格兰奇墓中则能够看到与太阳周期更为明确的联系：此处的内室恰好在一年中最短的一天通过一个狭窄的通道被照亮17分钟。

在埃及的纳布塔普拉亚（Nabta Playa）可以找到更早的据太阳周期排列的纪念碑。这组石块在公元前4800年被码放成环形，包含对应着夏至的排列形式。当中或许还存在其他基于历法或天体的结构，比如有多位研究者宣称发现了与天狼星升起有关的排列。

埃及的纳布塔普拉亚石阵

德国建于公元前4800年的戈塞克圆（Goseck circle）与纳布塔普拉亚差不多建于同一时期。它由一条直径75米的圆形沟与两个环构成，沟与环同心，入口分别与冬至时的日出和日落对齐。较小的入口看上去则对应夏至。

除了这些，还有最近在土耳其哥贝克力石阵中发现的可以追溯到公元前约9000年的新石器时代神庙。一些大石块似乎与明亮的天狼星的升起相对应。当时，在这个地方，由于地球的进动，天狼星看起来像是一颗出现在地平线上的"新恒星"。进动是地球的"晃动"——我们行星自转轴方向的改变。随着时间的推移，进动能让人看到天空中新的区域，同时令其他部分不再可见。

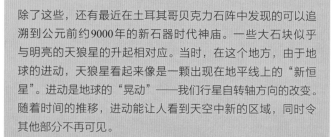

地球的进动 ▶ 地球自转轴的方向以25 772年为周期缓慢改变。

天狼星等恒星的升起对预测尼罗河每年的洪水十分重要，正是这场洪水令尼罗河周边的土地如此肥沃。包括吉萨高原上著名的胡夫金字塔在内的众多古埃及纪念碑，都仔细地与公元前约2600年的北极星（当时是天龙座α）对齐。建于公元前约2000年、供奉太阳神阿蒙的卡纳克神庙也与冬至当天的日出有关——届时阳光会落在神庙正中，照亮至圣所数小时。古埃及建于公元前1255年的阿布辛贝神殿也有类似的对应着10月21日和2月21日的太阳的设计，可能是为了特定的节日或拉美西斯二世本人的加冕礼。

人们往往对天空中的恒星充满好奇。尽管世界上绝大多数地方都没有现存的关于布满恒星的宇宙的史前记录，但我们在古埃及发现的陵墓壁画和莎草纸记录可以追溯到公元前2100年。特别是经常出现在棺盖上的表现古埃及星座的对角线星表：36个星座（旬星）每隔10天依次在日落后从东方的地平线升起，其中最亮的恒星以一种随意的方式被列出。而在塞南穆特（公元前1473年）和拉美西斯四世（公元前1100年）墓顶发现的精美的新王国时期壁画，则见证了星空在古埃及神话中的地位。

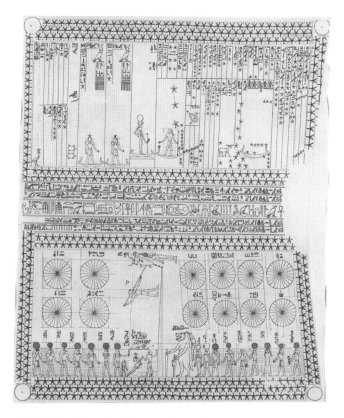

塞南穆特墓中描绘的星座，公元前1473年

到了公元前1500年，古巴比伦和苏美尔的占星家的楔形文字泥板不仅记录下了以金星为首的行星的存在，更在其神话中确定了较为固定的一整组星座。现代的黄道十二宫在很大程度上是古巴比伦人的发明。另一方面，古代中国占星者则普遍利用太阳黑子和日食作为占卜手段的一部分。

> 黄道带 ▶ 天空中包含太阳、月球及可见行星运行轨迹的带状区域。它被分为12个区域，分别以其中的星座命名。

古代宇宙学：古巴比伦、古印度、古希腊

天文学与占星术在印度次大陆的起源可以追溯到公元前2000年前后。我们对印度天文学的大部分了解来自被称为"吠陀"的梵文书籍。早在公元前3000年，吠陀中就隐约提到太阳处于宇宙的中心。人们对研究天空和探测行星运动中的数学规律产生的极大兴趣，使印度占星术在与古巴比伦占星术几乎相同的时期得到了发展。到了公元前6世纪，作为吠陀学校之一的胜论派信奉一种关于自然的早期原子观念，其中亚里士多德理论中的4种元素（土、气、火和水）被扩充至9种：土、气、火、水、以太、时间、空间、灵魂和心智。时间和空间可以被还原为各自的"原子"这一独特的观点，直到20世纪中期才被科学家重新拾起。

古希腊测量仪器为对恒星最早的科学研究打下了基础

古印度宇宙观的特别之处还在于，与古巴比伦或古希腊故事的内容相比，它包含很多有关宇宙结构和变化的定量细节。在印度教吠陀宇宙观中，时间不存在绝对的起始点，它被认为是无限而循环的。与此类似，宇宙既没有开始也没有结束，同样在不断循环。当前的宇宙不过是这一个周期的开始。每个周期都只是梵天生命中的一天，但他的"一天"长达86亿年。他的一年比人类的一万亿年还要长。梵天的生命会持续一百年，直到所有的世界和灵魂都彻底而永久地消散。

古希腊文明在公元前900年前后的崛起带来了最早有文献记载的恒星与天体宇宙的概念。最早被提到的天体现象包括日（月）食、昴星团、猎户座和明亮的天狼星，最早出现在公元前700年前后的记录中。阿那克西曼德和菲洛劳斯经常提及恒星、行星和一种行星系统的模型，其中地球或另一个不可见的天体处于行星运动的中心。德谟克利特甚至提出，夜空中明亮的光带——银河中可能包含着遥远的恒星。

柏拉图、欧多克索斯和亚里士多德详细发展了这样一个想法：天空中的天体都被固定在一个套一个的同心"天球"上。在各个行星的球体之外是恒星球，恒星像灯笼一样挂在上面。所有变化的事物

猎户座是由恒星组成的非常显眼的图形，人类在数千年前就知晓了它的存在

均处于地月之间的区域，包括雷暴、彩虹、流星以及彗星等转瞬即逝的现象。月球以外的一切永远不会改变。亚里士多德提出世间万物都由4种基本元素组成——土、气、火和水，后来又发展出第5种名为精质（Quintessence）的元素，以解释恒星永恒完美的本质。

在1225年的《论光》中，英国神学家罗伯特·格罗斯泰斯特甚至对物质和宇宙的本质进行了探索。书中描写了宇宙在一场爆炸中诞生，物质结晶并在一组围绕着地球的层层嵌套的球体上形成行星和恒星。《论光》是17世纪前借助同一套物理定律描述天空及地球的首次已知尝试。

发展出"天球"概念的哲学家亚里士多德

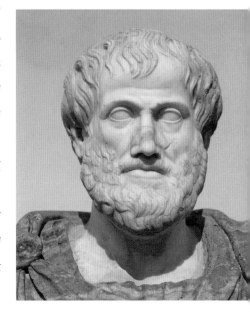

星表：依巴谷、托勒密

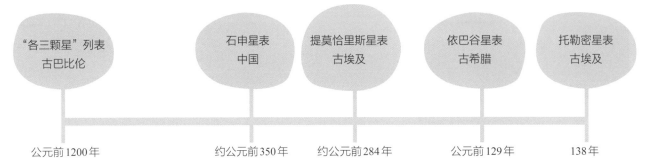

"各三颗星"列表 古巴比伦	石申星表 中国	提莫恰里斯星表 古埃及	依巴谷星表 古希腊	托勒密星表 古埃及
公元前1200年	约公元前350年	约公元前284年	公元前129年	138年

现存最古老的星表是古巴比伦人公元前1200年前后编制的"各三颗星"列表，它仅包含黄道十二宫各自最亮的三颗恒星。在从古巴比伦到古希腊时期的1000年间，尚尤现存证据表明曾有人以类似于度的角度单位在准确的天图中对恒星的位置进行量化描述。到了公元前300年后，提莫恰里斯、阿利斯塔克、阿里斯基尔、阿基米德和依巴谷被认为是第一批使用角度测量的人，他们将圆周划分为360度，每一度包含60角分。中国占星家石申于公元前350年前后制作的星表则包含800个条目，其中角度的测量以北天极为基准。石申使用的中国角度单位中的一度代表一天中天空的运动，相当于360/365个希腊角度单位。

克劳狄乌斯·托勒密

2世纪的古希腊-古罗马天文学家和博学者，现存少数古代天文学文献之一《天文学大成》的作者。这本书的内容包括托勒密在更古老的依巴谷星表的基础上编纂的星表，以及用表格形式给出的有关太阳系的地心说数学模型，后者的理论基于各行星分别被固定在以地球为中心旋转的天球所带的本轮之上的观点。

萨摩斯岛的阿利斯塔克是古希腊最早的天文学家之一

这幅1598年前后的壁画展示了一位天文学家在其助手的帮助下尝试确定一颗恒星的高度角

古希腊天文学家和哲学家提莫恰里斯在其位于亚历山大港的天文台记录了恒星室女座α（角宿一）的位置——秋分点以西8度，但这是他唯一留存下来的工作。公元前284年的其他记录显示，提莫恰里斯是首位借助直角仪制作出包含数百颗明亮恒星的星表的西方天文学家。直角仪可以与经纬仪配合使用，以测量恒星在地平线以上的高度角。观测者将带有可动组件的直角仪朝向恒星，然后滑动其上垂直的短杆，直到后者占满恒星与地平线之间的距离。相应的角度可以通过简单的三角函数关系计算得出。

公元前129年，古希腊天文学家和数学家依巴谷继承并超越了提莫恰里斯的工作，对超过8 000颗裸眼可见的恒星的位置进行了测量，但依巴谷星表同样失散在历史的长河中。依巴谷现存的工作仅有《对亚拉图和欧多克索斯的"现象"的评论》，他在其中详细描述了星座的形象。其中角度测量的精度与满月的直径相当，约为0.5度。

开普勒的太阳系

1580年左右，丹麦天文学家第谷·布拉赫针对天文观测开发了象限仪和六分仪。利用它们测算得出的天体位置的误差仅有托勒密和依巴谷的数据的十分之一。第谷以1/60度的精度计算出了1 000颗恒星的位置，为他的助手约翰内斯·开普勒的鲁道夫星表打下了基础。

一幅1564年的插画中对象限仪使用的示例

约翰内斯·开普勒

　　1571年12月27日出生于德国。开普勒在1600年2月4日成为第谷·布拉赫的数学助手，工作是解释布拉赫积攒的大量数据并证明其符合布拉赫的复合太阳系模型（在此模型中行星环绕太阳运行，但太阳绕地球运动）。其间，开普勒发现了火星的椭圆形轨道以及后来被称为"开普勒行星运动三定律"的规律。除此之外，开普勒还是一位成功的宫廷占星家，1621年，他的母亲被指控使用巫术，他应要求到场为母亲辩护。

约翰内斯·开普勒以其有关行星运动的定律闻名

　　更重要的是，第谷在1585年观测到一颗彗星，并通过细致的测量确定了它在恒星间的轨迹。从德国天文学家和数学家迈克尔·马埃斯特林在同一时段进行的观测中可以清楚地看出，这颗彗星的位置在从两个不同地点观测时并没有发生视觉上的偏移（视差）。这意味着它一定远在"易受影响且变化多端"的各个亚月球"天球"之外。其轨迹并非圆形，而是与行星的轨道相交。由此可见这些"天球"并不完全是固体，而要难以捉摸得多——如果它们真的存在的话。正如第谷所言："宇宙的结构极其流畅而简洁。"

　　视差 ▶ 从地球上两个不同的位置（或在同一个位置相隔6个月）观察时，同一个天体在视野中位置的变化。借助几何方法可以通过位置的变化计算出天体到地球的距离。

　　第谷的助手约翰内斯·开普勒仔细研究了第谷对行星位置的记录，他发现当时已知的5颗行星似乎遵循如下三条"定律"：

- 行星沿椭圆轨道运动。
- 行星在相同时间内扫过的轨道区域面积相等。
- 行星的轨道周期与它们到太阳的距离满足 $T^2 = R^3$ 的关系，T 是行星的轨道周期，R 是其平均轨道半径。

第一定律

椭圆

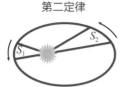

第二定律

相同时间内面积相等
$S_1 = S_2$

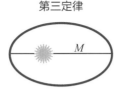

第三定律

M

P: 周期（行星环绕一周的时间）
M: 长轴
P^2/M^3 对所有行星都一样

一例带有嵌套结构的太阳系模型，绘于约 1540 年

天文单位（AU）▶ 地球到太阳的距离，天文学家把它作为描述太阳与其他太阳系天体间相对距离的单位。

开普勒第三定律确定了整个太阳系的尺度比例。将日地距离设为 1.0 个天文单位（AU），水星到太阳的距离将会是 0.35 个天文单位，土星则是 9 个天文单位。利用这种方式，人们历史上首次确立了太阳系的相对尺度。若想知道太阳系以千米为单位的绝对尺寸，只需确定其中一个行星与太阳的距离。

视差

视差角用希腊字母 θ 表示，以弧度为单位进行测量，1 弧度为 360°与 2π 之比，约等于 57.3°。

$$\theta = 57.3 \frac{位移（米）}{距离（米）}$$

视差角（以度为单位）可以通过从远处观察固定直径或间距的物体得到。我们也可以反过来利用这种效应，用经纬仪测量远处尺寸（以米为单位）已知的物体的视差角，从而确定它的距离（同样以米为单位）。在天文学中，我们以度或角分（1/60 度）、角秒（1/3 600 度）甚至更小的单位对天体进行测量。利用以上公式乘以天体的距离，我们便能够得到太空中遥远天体的物理尺寸，这是有关其性质的重要线索。

17

太阳系的物理尺度

伽利略·伽利雷研发了折射望远镜

尽管依巴谷开创了通过视差测量月球距离的先河，但利用视差或其他基于月相的方法（阿利斯塔克）测量日地距离的结果并不准确，误差超过了千分之一。托勒密估算的一个天文单位为1 200个地球半径，合约700万千米，这一直被当作天文单位的黄金标准，直到尼古拉·哥白尼生活的时代。这位文艺复兴时期的波兰天文学家和数学家提出了革命性的宇宙新模型，将太阳而不是地球放在了宇宙中心的位置。

借助望远镜技术，让·里歇尔和乔瓦尼·卡西尼终于确定了更为精确的日地距离。他们在1672年火星距离地球最近时测量了火星在巴黎和卡宴（位于法属圭亚那）之间的视差。利用测得的视差角以及基于开普勒天文单位对火星距离的预测，他们算出1个天文单位对应于21 700个地球半径的距离，即1.4亿千米。现代测得的日地距离是1.49亿千米。

伽利略望远镜

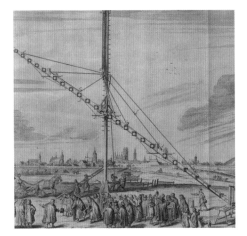

约翰·赫维留斯使用的望远镜，木版画，1673年

17世纪初期，折射望远镜的发展使得人们对天空和宇宙真正内容的理解发生了翻天覆地的变化。包括昴星团、猎户星云和仙女星系在内，许多天体的存在自古以来就为人类所知，但人类掌握的细节并不足以分辨它们真实的形状，也不足以确定天空中是否有更多此类天体。1610年，意大利天文学家伽利略·伽利雷利用自己设计的极富开创性的折射望远镜，发现银河系中遍布着肉眼不可见的暗淡星光。这对神学而言是一场重大的灾难——上帝为何要创造看不见的恒星？伽利略虽然没有提到猎户星云，但绘制了其中恒星的星图，他的工作为后来其他天文学家建造更大的仪器并对宇宙中天体展开分类的漫长事业奠定了基础。

威廉·赫歇尔建造了更大的望远镜，并用它发现了天王星

到了1655年，荷兰天文学家克里斯蒂安·惠更斯建造出更大的望远镜，但这种笨重的望远镜很快被1668年出现的、以艾萨克·牛顿的镜面设计为基础的反射望远镜超越。牛顿把金属盘打磨成名为反射镜的凹面镜，其形状是球面或抛物面的一部分，以此聚焦来自远处物体的光线。之后通过第二套名为目镜的透镜系统，观测者能够得到被放大很多倍的图像。英国-德国天文学家威廉·赫歇尔爵士改进了牛顿式望远镜的设计，建造出更大的望远镜。其中第一台49英寸（124厘米）的望远镜于1789年完成，赫歇尔主要用它寻找双星。令赫歇尔享誉国际的早期工作是行星天王星的发现，这是近代以来人类发现的第一颗行星。

法国彗星猎手夏尔·梅西耶在1781年发表了他的《星云和星团总表》，当中涉及103个天体，包括猎户星云（M42）、仙女星云（M31）和蟹状星云（M1）。梅西耶对这些天体本身并没有特别的兴趣，他的目标是确保它们不被彗星猎手错认为彗星。这份列表是利用一台小口径望远镜得出的，列得相当随意。不过在1782年至1802年间，赫歇尔利用数台12英寸（30厘米）和18英寸（45厘米）口径的望远镜对非恒星天体进行了首次系统搜索。赫歇尔最终归类了2 400个被他称为"星云"的天体，在这些"模糊的光斑"中也包括暗淡的星团。他的妹妹卡罗琳·赫歇尔和儿子约翰·赫歇尔将这份记录扩充至包含了7 840个深空天体的《星云和星团新总表》。如今用来标记天文学家研究的各种明亮的星云、星团和河外星云的NGC这一开头就是由此而来。例如，猎户星云可以被称为梅西耶42号天体（M42）或NGC 1976。约翰·赫歇尔后来将口径20英尺（约6米）的望远镜带到了南非开普敦，并在那里对南半球天空中的天体做了分类。

威廉·赫歇尔对星云进行分类使用的40英尺（12米）望远镜

1845年，第三代罗斯伯爵威廉·帕森斯建成了一台口径72英寸（183厘米）的更大的望远镜。利用它，帕森斯第一次分辨出一些星云具有旋涡形结构，其中包括涡状星云（M51）。

空间和常识?

历史上，人们对于空间究竟是空的还是被填满的问题已经争论了许多次。亚里士多德等一部分古代哲学家认为，纯粹的虚空不可能存在，因为"自然厌恶真空"。德谟克利特这样的原子论者则持相反态度：如果物质由微小的粒子（原子）构成，它们之间必须存在空隙，物体才能四处移动——否则，一切物质都会像高速公路上阻塞的交通一般，永远被锁定在同样的位置。

毕达哥拉斯学派也相信真空可能存在，但巴门尼德抨击了这个想法。认为不可能存在绝对为空的空间的人，出于其自身逻辑，不得不提出一些用来填补真空的东西。古希腊爱奥尼亚学派的阿那克西曼德相信，宇宙中的一切都由一种充满了全部空间的"连续而无限的介质"构成，这种介质被称为"以太"。

17世纪的法国科学家勒内·笛卡儿也不相信存在绝对为空的空间。他认为，延展性是物质的基本属性，而脱离物质的延展是不可能的。他说："当中不存在任何物体的真空的空间在理性上是不可接受的。"这令笛卡儿产生了空间中一定充斥着一种无法以感官察觉的稀疏介质的想法。他提出，必须存在三类物质：

- 火是构成恒星和太阳的物质，由微小的发光粒子组成。
- 空气由透明的球形粒子构成，光可以从中穿过。
- 土是构成所有行星的物质。

直到20世纪，爱因斯坦提出的狭义和广义相对论引领了一场物理学革命，空间介质最后的候选者——光以太彻底被抛弃，需要某种介质来填充空间的想法才被放下。广义相对论终于解释了空间本身是虚构的产物，而牛顿物理学关于宇宙中绝对时空框架的想法既不再必要，也与证实了相对论的观测结果不一致。

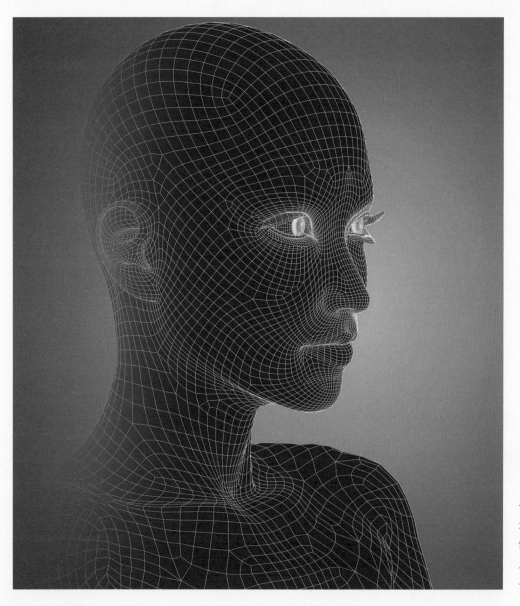

早期观念认为，空间
无法脱离定义它的躯
体存在——就像图中
人体头部的线框模型
一样

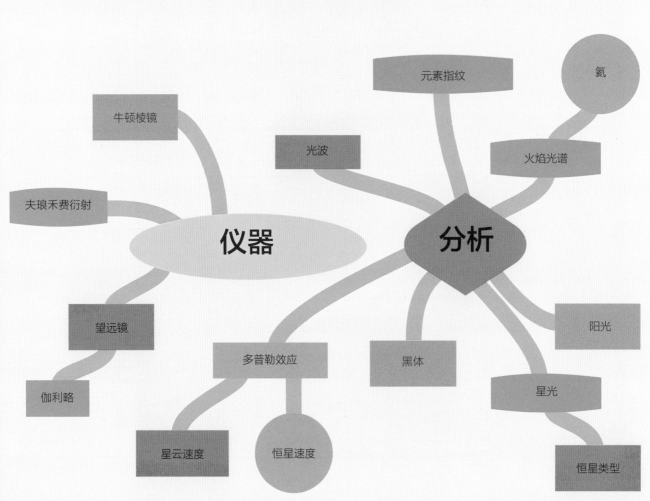

天体物理学的诞生

1835年，著名法国哲学家奥古斯特·孔德提出，人类永远无法了解恒星的化学组成。没过多久，事实就将证明他错了……

"……我们永远无法以任何方式研究（恒星的）化学组成……我坚信，关于恒星真实平均温度的一切信息都必然永远不会为我们所知。"

——奥古斯特·孔德

天体物理学利用物理学基本定律分析各种天体及现象，这些基本定律包括牛顿的运动定律和引力理论、19世纪发展的电动力学定律和原理，以及20世纪出现的许多新物理学理论。

天文学家西蒙·纽康在1900年出版的《天文学原理》中将1859年光谱学的发明视为天体物理学领域的诞生。光谱学的出现令天文学家能够测量包括恒星在内的天体发出的电磁辐射谱。科学家可以据此推断出恒星的化学组成，以及其相对地球和其他恒星运动的速率和方向等重要信息。应用于天文学的摄影技术也对光谱学研究起到了补充作用，约翰·威廉·德雷伯于1840年拍摄的第一张清晰的月球照片，就是这方面工作的先驱。

古罗马人最先发现棱镜可以将日光分成不同的颜色。17世纪，包括英国–爱尔兰化学家罗伯特·玻意耳在内的众多研究者都尝试过此类实验。不过，艾萨克·牛顿在其《光学》一书中首次详细记录了对这一过程的研究。此外牛顿还发现，第二个棱镜能够将被分开的颜色重新组合成白光。因此棱镜不单单"赋予"了光颜色，更以这种戏剧化的方式展示了光本身的固有属性。

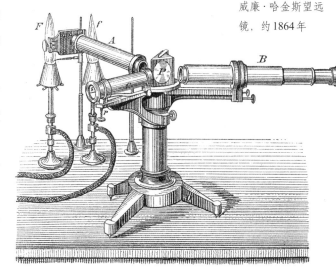

威廉·哈金斯望远镜，约1864年

1802年，威廉·渥拉斯顿制作出一种棱镜系统，其镜片能够将阳光聚焦在屏幕上，他发现白光分成的各种颜色中布满了宽度和强度不一的黑线。10年后，巴伐利亚的镜片制造者约瑟夫·冯·夫琅禾费改进了渥拉斯顿的系统，以260条平行金属丝形成的一组长方形狭缝代替棱镜，对光进行衍射得到光谱。被称为"衍射光栅"的光学设备由此诞生。衍射光栅是一种在光学玻璃上刻有数千条类似于狭缝的线条形成的直纹光栅。其物理学原理是，来自光源的光在穿过"准直透镜"（产生平行光线）后通过一个狭缝到达光栅表面，在此发生光学干涉效应，将光色散为一系列不同的波长。这之后，可以根据光栅几何结构要求的角度加上一台小型望远镜，将光线聚焦到实验者眼中或摄影乳剂上进行记录。

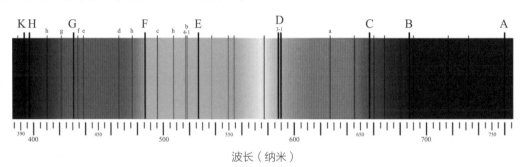

约瑟夫·冯·夫琅禾费制作的带有原子吸收谱线的太阳光谱，吸收谱线从字母A到K按波长由长至短排列

夫琅禾费设计的分光镜迅速被用于研究来自各种光源的光。1859年，德国化学家罗伯特·本生和物理学家古斯塔夫·基尔霍夫利用它对各种元素被烛火加热发出的光进行了研究。他们发现，谱线充当着"指纹"的角色，它们形成的独特图案能够以很高的准确性用于化学元素的识别。看到这一发现，天文学家几乎立刻将光谱仪置入望远镜，用以分析来自行星、恒星、太阳和遥远星云的光线；意大利天文学家乔瓦尼·多纳蒂、安杰洛·塞基和美国天文学家刘易斯·拉瑟弗德最先采用了这项技术。

一些常见元素的光谱展示了它们各自不同的"指纹"

恒星的组成和分类

到了19世纪末，威廉·哈金斯和安杰洛·塞基等科学家收集了尽可能多的恒星光谱，并花费大量时间将其归入各种分类方案。在这一过程中，出现了三个基本的恒星类别：蓝色和白色的恒星、黄色（与我们太阳同一类型）的恒星，以及红色恒星。1885年，哈佛大学天文台的爱德华·皮克林在其女性计算员团队（成员包括威廉明娜·弗莱明和安妮·江普·坎农）的协助下，利用记录在感光板上的光谱开始了对恒星光谱进行分类的规模宏大的工作。截至1890年，团队共记录了超过10 000颗恒星，它们被分为13种光谱类型。到了1924年，沿着皮克林的构想，安妮·江普·坎农将星表扩充至9卷，覆盖超过25万颗恒星，并开发出基于O、B、A、F、G、K、M 7种光谱类型的分类系统——后者迅速得到了天文学家的广泛接受并开始在全世界推行。

需要知道的名字：光的研究

艾萨克·牛顿爵士（1643—1727）

威廉·渥拉斯顿（1659—1724）

约瑟夫·冯·夫琅禾费（1787—1826）

罗伯特·本生（1811—1899）

古斯塔夫·基尔霍夫（1824—1887）

光谱类型	颜色	温度（开尔文）	光谱特征
O	深蓝色	28 000~50 000	氦离子
B	蓝色	10 000~28 000	氦和一些氢
A	白色	7 500~10 000	氢（明显）和一些电离金属
F	浅黄色	6 000~7 500	氢和包括钙和铁在内的电离金属
G	深黄色	5 000~6 000	金属和以钙离子为首的电离金属
K	橙色	3 500~5 000	金属
M	红色	2 500~3 500	二氧化钛和钙

利克天文台的恒星
光谱仪，由詹姆
斯·基勒设计、约
翰·布拉希尔于
1898 年前后建造

宇宙记忆口诀

　　科学中一些重要的序列，诸如可见光谱中的颜色、太阳系中的行星或恒星的分类等，可能很难记忆。因此，多年来也出现了各种用来帮助众多学生学习它们的口诀。记忆口诀将想要记住的序列中的物体的首字母组合成能够利用好记的说法或韵律记忆的形式，以帮助人们更好地回忆。比如，太阳系中行星的顺序——水星（Mercury）、金星（Venus）、地球（Earth）、火星（Mars）、木星（Jupiter）、土星（Saturn）、天王星（Uranus）、海王星（Neptune）以及如今已成为矮行星的冥王星（Pluto），可以用"玛丽的紫罗兰色眼睛让约翰彻夜难眠（并沉思）"［Mary's Violet Eyes Made John Sit Up Nights (Pondering)］来记忆。光谱的颜色——红（Red）、橙（Orange）、黄（Yellow）、绿（Green）、蓝（Blue）、靛（Indigo）、紫（Violet），则可以用"约克的理查德的战斗徒劳无功"（Richard Of York Gave Battle In Vain）来记忆。而对于恒星的分类系统，我们可以用"哦，好姑娘，亲我吧"（Oh Be A Fine Girl Kiss Me）来记住 O、B、A、F、G、K、M 的顺序！要涵盖更冷的恒星，列表中还需加入 R、N 和 S，对此，哈佛大学的记忆口诀是"哦残忍邪恶的大猩猩，下周六杀死我的室友"（Oh Brutal And Foul Gorilla Kill My Roommate Next Saturday）。

"皮克林的后宫"

　　爱德华·皮克林在担任哈佛大学天文台台长期间从一位富裕的业余天文学家的遗孀处获得了一大笔捐款，用于制作星表。这项工作涉及大量复杂的数学计算。当时，皮克林对男助手们的工作质量十分失望，声称就连他的"苏格兰女佣"威廉明娜·弗莱明都能做得更好。这并非随意的吹嘘，因为她原本是一位数学教师，只是因为生活困难才给人帮佣。皮克林招募了弗莱明和其他许多女性作为"人工计算机"进行必要的计算。此前，女性一直被职业科学界排除在外，这个女性团队也被当时的同行戏称为"皮克林的后宫"。当中包括安妮·江普·坎农、亨丽埃塔·斯旺·勒维特、安东尼娅·莫里和弗莱明本人在内的许多女性自身也成长为具有开创意义的天文学家，帮助推动了天文学和宇宙学的发展。

多普勒效应

　　光谱除了被用来识别恒星和遥远星系的元素组成，其分辨率的稳步提升很快令人们意识到各谱线的位置与实验室测得的结果并不完全一致。不久，天文学家就发现，这是一种因光源移动而产生的偏移——多普勒效应（也称多普勒频移）的证据。奥地利物理学家克里斯蒂安·多普勒于1842年描述过声波的相关现象。多普勒效应解释了移动声源（比如警车的警笛）的音高随着声源的接近和远离发生的改变。在警车接近时，声波的波长被压缩，使得警笛声的音调更高。当警车驶离，波长被拉长，警笛声的音调变低。伊波利特·斐索在1848年证实了光波的多普勒效应。对光而言，波长随着光源远离观察者而被拉长，令谱线向波长更长的方向移动（红移）。而当光源接近观察者时，波长被压缩，谱线向波长更短的方向移动（蓝移）。

多普勒效应造成的谱线移动

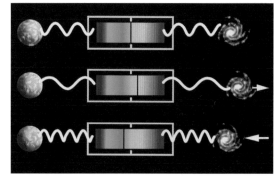

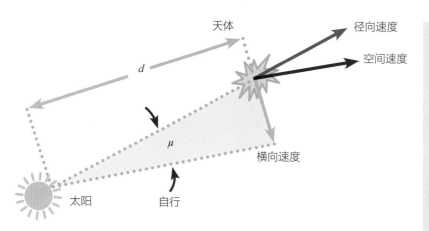

恒星的实际运动是其自行与径向运动的组合

空间速度 ▶ 天体在三维空间中的速度大小和方向。

自行 ▶ 从地球上看，天体运动的二维速度大小和方向。

径向速度 ▶ 由多普勒效应测得的天体远离（或接近）地球的速度。

空间速度

　　物体的"空间速度"涉及其在三维空间中的运动（包括速度的大小和方向），因此当我们观察天空中的恒星并试图测量它们在空间中运动的真实速度时，我们必须在三个方向上描述它们的运动。其中的两个方向处于从地球上看到的天空的二维平面内，这种运动被称为天体的"自行"，以度每年为单位；当天体的距离已知时，自行的单位也可以是千米每秒。天体运动的第三个维度方向与天空所在的平面垂直，被称为天体的径向速度。它可以直接利用多普勒效应测量，不需要知道物体的距离。将自行与径向速度相结合，就能够得到天体完整的空间速度。

　　到了1887年，摄影技术的发展令从恒星光谱多普勒效应的大小测量恒星的径向速度成为可能。借助赫尔曼·C. 福格尔在波茨坦天文台测得的数据，金牛座α的径向速度以这种方式被估计为48千米每秒。根据戴维·托德1897年的《新天文学》，当时的天文学家通过多普勒效应确定了不到100颗恒星的径向速度，其中包括室女座α、猎户座β、金牛座α和天鹰座α。它们的速度在20到50千米每秒的量级，精度极限约为3千米每秒。以那时任何普通人类标准看来，超过80 000千米每小时的速度都是相当惊人的。

多普勒效应

一旦能够准确测量恒星谱线的波长，就可以利用以下关系判断其运动：

$$V = \frac{(\lambda - \lambda_0)}{\lambda_0} c$$

在这个等式中，V是天体的速度，λ是天体发出的特定谱线的波长，λ_0则是相应谱线在地球上静止时的真正波长。光速c的数值取决于单位，如果V以千米每秒为单位，$c = 300\,000$。例如，氢原子的巴耳末–α谱线在实验室中测得的波长是656.45纳米，但其在遥远的星系中被观测到的波长却为756.45纳米。根据多普勒公式$(756.45 - 656.45)/656.45 = + 0.152$，这意味着该星系正以光速的15.2%的速度远离观测者而去。

恒星的距离

直到19世纪末，天文学家往往仍假定所有恒星都具有大致相同的内禀亮度。在这一假设下，借助平方反比定律，可以通过恒星各自的暗淡程度，直接确定它们的距离。这种想法在更多恒星的距离通过视差法得到确定后逐渐消失：根据恒星的距离和目视亮度，天文学家发现了光度是太阳的0.1倍、100倍乃至1 000 000倍的恒星。

视差 ▶ 从两个不同地点观察时，物体空间中的位置在视觉上的偏移。利用几何关系，偏移程度可以用来计算该物体的距离。

平方反比定律 ▶ 强度（如亮度）与到源（如光源）距离的平方成反比，即随着距离增加，强度依$1/d^2$的公式降低。

赫茨普龙–罗素图把恒星的温度与光度联系了起来

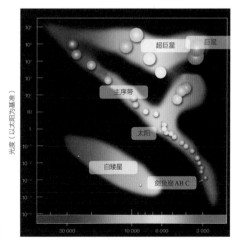

光度（以太阳为基准）

表面温度（开尔文）

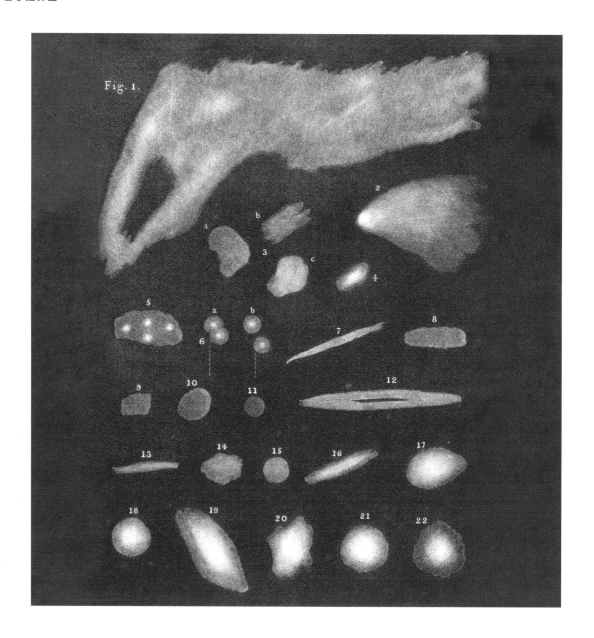

河外星云

18世纪时，英国的埃德蒙·哈雷和法国的尼古拉·德·拉卡伊等天文学家列出了用尺寸逐渐增大的望远镜观测到的各种奇异的星云状天体。这类早期星云目录中最有名的则要归功于法国彗星猎手夏尔·梅西耶和英国–德国天文学家威廉·赫歇尔。这些星云是什么？它们在宇宙学中又扮演着怎样的角色？

在没有确凿证据的情况下，德国哲学家伊曼纽尔·康德在其1755年的《自然通史和天体理论》中宣称，这些星云其实是位于我们银河系边界之外的天体。他的想法在当时颇具争议，尤其那时候尚无迹象显示银河系具备有限的边界。与康德不同，法国学者皮埃尔–西蒙·拉普拉斯提出，星云是银河系内正在形成的、与我们太阳系的扁盘类似的行星系统。最终，康德的观点在很大程度上得到了威廉·赫歇尔的支持，赫歇尔的望远镜观测同样令他于1785年得出了存在"岛宇宙"（独立星系）的结论，尽管他认为它们位于我们的银河系内。康德在书中写道："……其光线之微弱……要求距离是无限的：所有这一切都与这些椭圆形状不过是（岛）宇宙的观点完全一致。"

伊曼纽尔·康德

这些星云的性质随着威廉·赫歇尔之子、科学家约翰·赫歇尔开展的一项巧妙的间接研究变得清晰起来。他将所有被编入目录的已知星云的位置绘制在了一张图上，以点表示星云，银河系位于天球赤道上。约翰·赫歇尔写道："不过从这项研究中能够得出的一般结论是，星云系统不同于恒星系统，尽管它与后者有关，甚至在某种程度上与后者混杂在一起。"

约翰·赫歇尔

后来，美国天文学家克利夫兰·阿贝基于包含约5 079个条目的1864年版赫歇尔《星云和星团总表》得出结论，天空中图像无法被清楚解析的星云处于银河系外，而图像可解析的星云则混在银河系带状的星光之中。但有关星云究竟位于何处的争议仍然无法得出定论，除非我们能够知晓它们的实际距离。

100多年后，天文学家通过这种将新天体绘制在天图上的方式发现了形成伽马射线暴的神秘天体的位置。

左页：威廉·赫歇尔绘制的利用其望远镜看到的各种星云

安妮·江普·坎农开发了一套用于恒星分类的系统

沙普利－柯蒂斯之争

随着光谱学（第23~24页）、摄影技术的发展，以及越来越大的望远镜被建成，有关恒星和其他宇宙物质的元素组成的研究迅猛发展，恒星天文学也取得了长足的进步。然而直到1920年，我们所了解的仍十分有限。即使在恒星天文学方面，驱动着恒星发光的能量源的性质也在很大程度上基于推测，而当时我们对太阳周边以外的银河系详细结构的性质也知之甚少。天文学家研究了许多星云的光谱，发现它们富含氢和其他气体。详细的恒星目录变得常见，全部根据安妮·江普·坎农和爱德华·皮克林在哈佛大学制定的分类方案以光谱类型归类。然而，对某一类天体的研究和分析始终难以进行，那就是河外星云以及它们在太空中的位置。

"大争论"的中心议题在于，星云到底处于我们的银河系内（威尔逊山天文台的哈洛·沙普利所持的观点）还是确实在银河系外（利克天文台的希伯·柯蒂斯这么认为）。1920年，辩论在华盛顿哥伦比亚特区的美国国家科学院展开。两位天文学家在45分钟的时间内展示了各自最好的证据，众人围绕十几个要点进行了讨论。争论基本以平局告终，因为没有任何一方的观点成为在场天文学家的明确共识。这一僵局，还得再过4年才能解决。

爱德华·皮克林在哈佛天文台出色的女性计算者团队成员之一亨丽埃塔·斯旺·勒维特于1908年发现了一类名为造父变星的恒星。它们在严格定义的周期中脉动——膨胀并变亮。通过对银河系内这类恒星的研究，勒维特发现它们完成一个光变周期所需的时间与其光度直接相关。如果已知一颗恒星的光度，就可以利用平方反比定律计算出它的距离。这很像我们看到远处的一盏灯，并以勒克斯为单位对其亮度进行测量，随后被告知其光度是100流明。有了亮度和光度，就可以用平方反比定律精确得出这盏灯的距离。

美国天文学家埃德温·哈勃利用威尔逊山天文台功能强大的胡克望远镜，在包括仙女星云在内的数个旋涡星云中发现了造父变星，并在1924年1月的美国天文学会全国大会上宣布了这一消息。仙女星云中造父变星的亮度清晰表明，仙女星云距离我们超过80万光年，这个遥远的距离远远超过沙普利对银河系尺寸做出的任何预测。哈勃发现的证据令沙普利与柯蒂斯之间的争论彻底尘埃落定。宇宙的规模确实无比宏大。1924年，人类超越了银河系的尺度，并第一次发现，有由各种奇异的新星系组成的整个宇宙等待着我们去探索和理解。

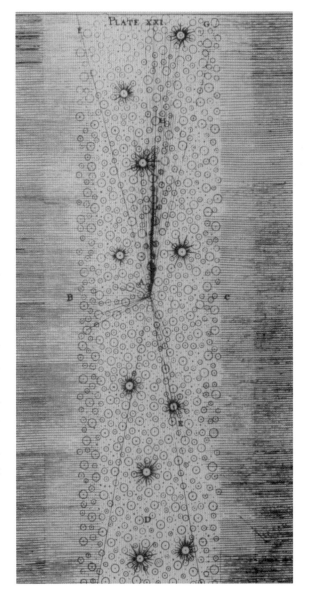

汤姆斯·赖特19世纪早期有关银河系形状的想法

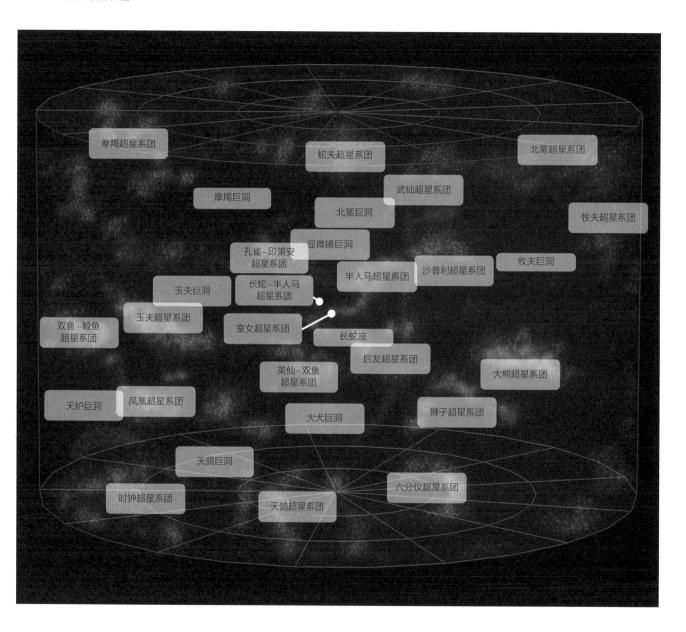

星系团和超星系团

　　星系并非随机散布在天空中，而是倾向于成对成群出现。就连19世纪的天文学家都知道其中最大的室女星系团和后发星系团。20世纪40年代后期，美国天文学家乔治·阿贝尔借助美国国家地理学会资助的帕洛马天文台巡天计划中得到的照片，建立了第一个系统的星系团目录。阿贝尔在银河系暗淡恒星组成的混乱前景之下，发现了聚集成团的昏暗星系。截至1958年，天文学家已经发现了 2 700 个"阿贝尔星系团"。这份目录在1989年得到补充，新增了南半球的 1 361 个星团。

乔治·阿贝尔

　　阿贝尔对这些星系团的分类标准包括恒星数量和聚集程度。富度为5的星系团中最大的后发和室女星系团在天空中所占区域不超过满月大小，却拥有超过 1 000 个成员！我们的银河系所在的包含54个星系的本星系群只能勉强被归入阿贝尔富度为1的级别。令人惊讶的是，当阿贝尔将星系团连同其直径绘制在天图上时，他发现了如今被我们称为超星系团的"二阶"聚集现象。

阿贝尔富度

　　超星系团是由成团的星系组成的跨越数亿光年的巨大结构，可以呈细丝或薄片等各种形状。虽然我们的银河系属于本星系群，但本星系群位于室女星系团外围且正在落入其中，因此银河系也是室女超星系团的一员，后者包含超过 47 000 个星系，横跨约1.1亿光年。已知最大的超星系团是带有50万个星系、跨越近10亿光年的雕具超星系团。不过，宇宙中最大的已知结构当属2013年发现的武仙–北冕长城，它长将近100亿光年，包含的质量足以形成数千万个和我们的银河系一样的星系。

超星系团

左页：我们的本星系群附近的星系组成的超星系团的透视图

罗斯伯爵绘制的涡状星系（梅西耶51号天体）

摄影技术

　　威廉·赫歇尔爵士在1773至1800年间利用一台12英寸（30厘米）的望远镜观测了夏尔·梅西耶的类彗星天体目录中的天体，并详细描绘了自己观测到的景象。第三代罗斯伯爵用他大得多的72英寸（183厘米，在1845—1917年间是最大的同类望远镜）望远镜观测天体时，同样把他在目镜中看见的形状画了下来。直到查尔斯·扬于1889年出版《天文学概论》

和1892年出版《天文学基础》时，天文学书籍的主流插图都还是这些绘画。当时的天文学家迫切需要一种更写实的方法，不用手工绘制就能真实地记录下天体的实际外观。19世纪摄影技术的出现满足了这个需求。

尽管在1838年之前就出现了各种以银为媒介的摄影技术，但19世纪40年代最受欢迎的当属路易·达盖尔采用的技巧。约翰·威廉·德雷珀在1840年首次将这一技术应用于天文摄影，用银版摄影法拍摄了满月。1845年，伊波利特·斐索以同样的方式拍摄了带有太阳黑子的首张展现太阳细节的照片。到了19世纪50年代，拍摄恒星也成为可能。而在1880年，业余天文学家、医师亨利·德雷珀用50分钟的曝光拍下了猎户星云的影像。那之后，摄影技术变得更简单、更快、更高效，天文学家将其与尺寸不断增加的望远镜相结合，用来研究行星和暗淡的天体。

阿默斯特学院的戴维·托德1897年出版的《新天文学》中展示了乔治·埃勒里·黑尔、艾萨克·罗伯茨以及爱德华·巴纳德精彩的天文摄影。随后，威斯康星大学的乔治·科姆斯托克于1901年出版的《天文学教材》也收录了乔治·埃勒里·黑尔、詹姆斯·基勒以及巴黎天文台拍摄的许多图片。最早带有照片的早期天文学科普出版物是加勒特·瑟维斯1909年出版的《神奇的天空》，书中精美的整版图像由利克天文台的詹姆斯·基勒提供。

光谱学研究也需要能够收集更多光线的更大的望远镜，以便更好地获取各种暗淡恒星与星云的光谱。1872年，亨利·德雷珀拍摄了首张天琴座α（织女星）的光谱照片。这一技术逐渐发展，1885年，哈佛大学天文台的爱德华·皮克林在雄心勃勃的恒星光谱分类项目中用摄影板记录下数万张光谱。如今，各国都在争相建造更大的望远镜，以便更仔细地研究银河系内外的各种天体。

需要知道的名字：拍摄宇宙

约翰·威廉·德雷珀（1811—1882）

伊波利特·斐索（1819—1896）

亨利·德雷珀（1837—1882）

爱德华·皮克林（1846—1919）

戴维·托德（1855—1939）

爱德华·皮克林

望向天空的巨眼

　　20世纪初，出现了一种在玻璃上镀银涂层的新技术，这项技术促成了带有玻璃镜面的大型研究级反射望远镜的出现。它们建在远离城市灯光、更少受大气遮挡的偏僻山顶。1908年，直径60英寸（1.52米）的海尔望远镜建成，随后在1917年，洛杉矶市外的威尔逊山上又建起了直径100英寸（2.54米）的胡克望远镜。1948年，直径200英寸（5.08米）的海尔反射望远镜落成于帕洛马山。20世纪90年代，人们又在更高、更偏僻的位置建造了望远镜，例如夏威夷的茂纳凯亚火山和智利安第斯山脉高4 267米的顶峰。位于智利的直径8.2米的甚大望远镜、坐落于茂纳凯亚火山的直径10米的凯克望远镜以及加那利群岛10.39米的加那利大型望远镜等庞然大物，皆为用于宇宙学研究的现代望远镜。另有更多正在建设中的更大的地面望远镜，包括镜面直径将达到40米的位于智利的极大望远镜和直径8米的大型综合巡天望远镜。配备了电子摄像机和灵敏的光谱设备后，这些望远镜能够探测并研究超过100亿光年外的星系发出的光线。

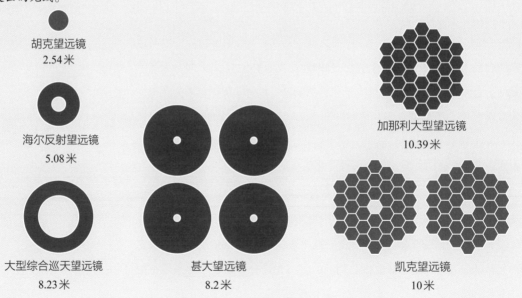

胡克望远镜
2.54米

海尔反射望远镜
5.08米

大型综合巡天望远镜
8.23米

甚大望远镜
8.2米

加那利大型望远镜
10.39米

凯克望远镜
10米

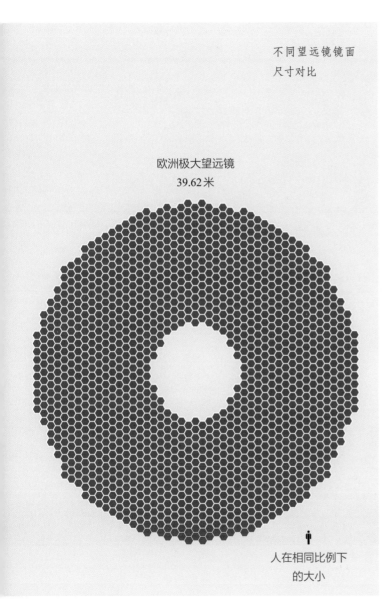

不同望远镜镜面
尺寸对比

欧洲极大望远镜
39.62米

人在相同比例下
的大小

过去，标准黑白胶片一直是天文摄影的主流，直到20世纪30年代中期出现了第一批彩色胶片，个别天文台开始尝试用它们拍摄天体照片。20世纪50年代新一代胶片被推出后，威尔逊山和帕洛马天文台山的威廉·米勒等天文学家开始利用1.22米的施密特望远镜拍摄许多受欢迎的天体的长曝光彩色照片，包括猎户星云（M42）和仙女星系（M32）等著名的星云及星系。

无论胶片或摄影板能达到怎样的拍摄效果，将照相底片带到望远镜处、进行曝光，再将照相底片带回暗室用化学试剂进行处理的过程仍然非常麻烦。显影过程中最微小的瑕疵都可能破坏望远镜花费数小时收集的暗淡图像。幸好，摄影技术的各方面都得到了提升，20世纪上半叶，人们对更快的速度和更短的曝光时间的追求加速了摄影技术的进步，从而有了之后50年彩色天文摄影的发展。开发这项技术的主要动力源自军事应用以及美国航空航天局（NASA）正在起步的太空计划。到了21世纪，天文学家通常利用纯电子的手段获取图像。

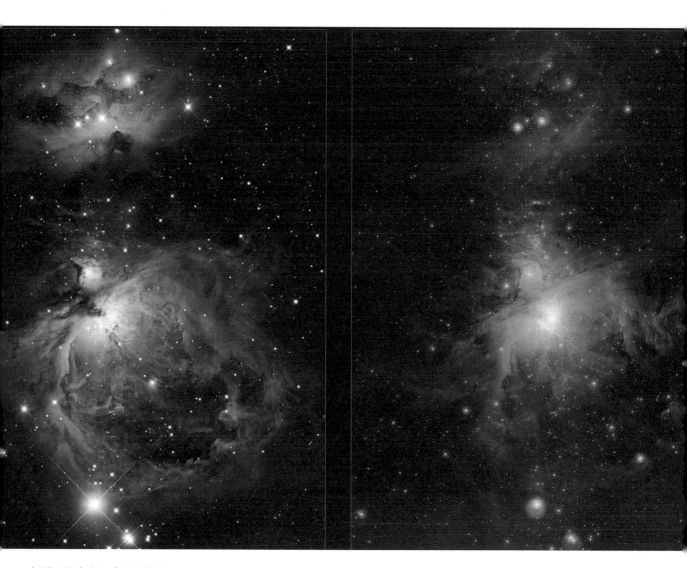

智利可见光和红外巡天望远
镜拍摄的现代猎户星云照片

1965 年

1965年，美国航空航天局的水手4号航天器飞掠火星，拍下了数十张火星崎岖不平的地表图像。水手4号扫描摄像管的光强度模拟信号输出结果被数字化处理后，形成的数字串被传输回地球以重建拍摄的图像。

1975 年

1975年，伊士曼柯达公司的工程师史蒂文·萨松利用飞兆半导体电子公司1973年新开发的电荷耦合器件（CCD）固态成像技术记录下了最早的纯数字图像。包含10 000个像素的CCD阵列用了23秒拍下其第一张图像，它只是用于工程测试的概念性设备。

1988 年

真正意义上的第一台商用数码相机是1988年的富士DS–1P，可惜它价格昂贵（5 000美元）且并不受消费者欢迎。不过，天文学家很快就注意到了这项实验性的新成像技术惊人的潜力，开始利用和开发这项技术。基于CCD的图像很容易通过计算机使用及操作，而且它们的光敏度在整个可见光谱的范围中也比摄影乳剂要均匀得多。天文学家甚至可以对CCD进行调整，让它们可以感知红外光。

1976年，美国航空航天局喷气推进实验室和亚利桑那大学的詹姆斯·雅内斯蒂克和杰拉尔德·史密斯利用安装在亚利桑那比格洛山直径1.55米的望远镜上的CCD探测器得到了木星、土星和天王星的图像。到了1979年，基特峰国家天文台在其直径1米的望远镜上安装了一个320×512像素的数码相机，并很快展示了CCD相比传统照相底片的优越性。自20世纪90年代以来，天文学家一直想用像素上亿的马赛克般的数字阵列填满大型望远镜的整个焦平面。新的技术让天文学家能够在单次曝光中一次性获取来自天空大片区域的光线，而无须费时费力地进行成百上千次单独的胶片曝光。

CCD探测器

除了大幅提升的望远镜尺寸和相机阵列规格，一种被称为自适应光学的技术每一秒就可以对镜面进行数千次操作，在激光导星的帮助下，几乎可以完全消除大气扰动的影响。这令恒星图像变得几乎与处于大气层外的太空望远镜获得的图像一样清晰，以低得多的成本大大提升了图片的清晰度。

导星

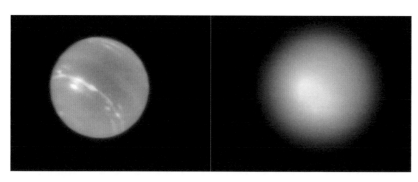

自适应光学技术得到的画面　　　　未使用自适应光学技术拍摄的图像

左页：艺术家制作的最大的现代望远镜
之一——在建的智利极大望远镜概念图

女性天文学家

美国天文学家安妮·江普·坎农（1863—1941）所做的恒星编目工作为当代恒星分类研究的发展奠定了基础。1896年，爱德华·皮克林聘请她为哈佛大学天文台的助理。她提出了基于恒星光谱中巴耳末吸收谱线的哈佛分类法，这是依据恒星温度和光谱类型对它们进行整理和分类的首次认真尝试。

江普·坎农的工作涉及给超过35万颗恒星的光谱分类。在这之前，天文学家使用的是一种按字母分为22类的分类方式，不过江普·坎农在发现重复的类别后将列表不断缩减并重新排列，以反映温度上的顺序，从而形成了我们现代的O、B、A、F、G、K、M系统。因为1893年的一场猩红热，江普·坎农在其几乎整个职业生涯中都是失聪的。作为女性选举权的支持者和美国全国妇女党的成员，她于1914年进入英国王家天文学会，又在1925年成为第一位获得牛津大学荣誉博士学位的女性。

塞西莉亚·佩恩（1900—1979）在1919年得到了剑桥大学纽纳姆学院的奖学金，她在那里学习了植物学、物理学和化学。在剑桥，佩恩参加了英国天文学家、数学家和物理学家亚瑟·爱丁顿关于其1919年远征的讲座，在这次远征中，爱丁顿拍摄了日食附近的恒星，以检验爱因斯坦广义相对论（参见第63页）。讲座激发了佩恩对天文学的兴趣。在哈佛大学的哈洛·沙普利的指导下，佩恩于1925年撰写了她的博士学位论文《恒星大气》。她利用江普·坎农的恒星分类法和新近发展的量子力学理论证明了恒星主要由氢和氦组成，而且观测到的光谱是温度、电离态与丰度因子的复杂组合效应。天文学家奥托·斯特鲁维评价它"毫无疑问是有史以来最出色的天文学博士学位论文"。

右页：塞西莉亚·佩恩，杰出的英国天文学家，最早将量子力学应用至该领域的科学家之一

第三章
相对论革命：空间 2.0

维度—笛卡儿坐标系—牛顿物理学和万有引力—牛顿和宇宙的大小—暗夜之谜—相对论—时空—引力—弯曲空间和更高维度—引力透镜—证明爱因斯坦是对的—引力波

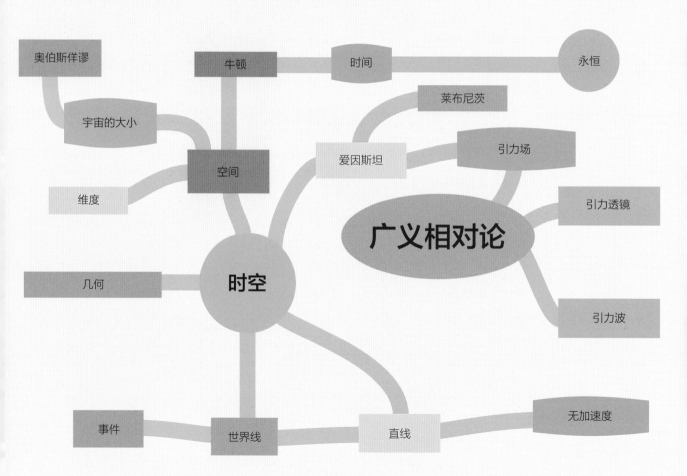

维度

空间具有三个维度的想法至少与欧几里得几何同样古老。不过普遍的看法认为，空间的维度不超过三个。西里西亚的辛普利丘在公元600年指出："受人尊敬的托勒密在他的笔记《论距离》中已经证明了不存在超过三种距离。"16世纪的施蒂费尔写道："……超越立方体，就如同存在三个以上的维度……这违背自然。"与艾萨克·牛顿同时代的约翰·沃利斯断言："……长度、宽度和厚度占据了全部空间。也无法想象在这三个维度之外如何存在第四个局域性维度"。但这些并没能阻止19世纪富有进取精神的数学家思考欧几里得受限的平面几何之外的可能性。

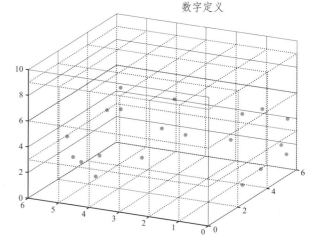

三维空间中的每个点都由定义了一个坐标系的三个数字定义

笛卡儿坐标系

17世纪，法国哲学家和数学家勒内·笛卡儿发明的"笛卡儿坐标系"首次在欧几里得几何与代数之间建立起系统的联系，彻底改变了数学。笛卡儿方程可以用来描述曲线等几何形状。例如，一个半径为2的圆可以被描述为所有坐标满足等式 $x^2 + y^2 = 4$ 的点的集合。在笛卡儿坐标系中，平面（例如一张纸）上单个点的位置可以仅用两个数字描述，分别以 x 轴和 y 轴为参照给出。这里的"两个"是空间的维数，或者更通俗一些，我们说该空间是二维的。同理，只需要三个数字就能描述三维空间中任意一点的位置，由此引入了第三个 z 轴。维度的概念完全是一般性的，不需要特指物理空间的性质。它也可以带有其他性质，比如第四个维度——时间。

四维世界的几何给三维物体带来了一系列十分有趣的性质，对它们的研究被称为拓扑学。例如，美国天文学家西蒙·纽康论证了在高维空间，可以将闭合的壳内外翻转而不撕裂它；数学家费利克斯·克莱因展示了在四维中无法打结；帕多瓦大学的朱塞佩·韦罗内塞证明，在高维空间中，可以在不破坏盒壁的情况下从封闭的盒子中取出物体。

拓扑学 ▶ 对多维空间在连续变形（如拉伸、扭曲、折皱和弯曲，但不包括撕裂或黏合）下保持不变的性质的研究。

平面国

维多利亚时代的校长埃德温·艾勃特·艾勃特在其小说《平面国：多维空间传奇往事》（1884年）中尝试传达第四个维度的概念。为简单起见，他描写了生活在二维世界中的生物如何看待三维的"异形"。当这个三维"异形"穿过二维世界时，首先会出现一个点，随后变成一个圆，圆形面积迅速增加，再缩小并消失。二维生物只能以二维概念来试着理解这一额外维度的性质。如果一个二维生物在球面上遇到一处隆起，它将感知到一种作用在它身上的力（引力）。这种力在该生物通过一侧向上时减缓它的速度，在它从另一侧下来时则增加它的速度，但这一现象不借助数学很难解释。

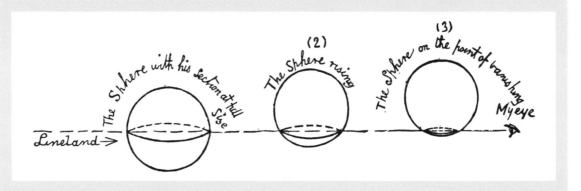

"现在看着，我会上升；而在你眼中的效果则是我的圆圈会越来越小，直到它缩小成一个点并最终消失。"我没有看到"上升"；但他缩小并最终消失了。

——埃德温·艾勃特·艾勃特《平面国：多维空间传奇往事》（1884年）

牛顿物理学和万有引力

艾萨克·牛顿爵士构建的有关物体如何运动的详细理论，彻底改变了物理学家对运动和引力的思考方式。但在这种"新物理学"背后隐藏着牛顿对于三维空间和时间的观点：他所有的方程都涉及物体在空间中的位置，这个位置由它们的空间坐标（x, y, z）和时间坐标（t）定义。他认为存在一个绝对的宇宙参考系，物体在其中运动。牛顿说："……神无处不在，由于无处不在并且一直存在，神构成了时间和空间。"换句话说，空间是上帝的属性或延伸，形成了存在的绝对参考系。但哲学家贝克莱主教认为牛顿有关绝对物理空间的想法没有意义，在贝克莱的想法中，去除了所有物体的真空同样被剥夺了其几何成分。

绝对主义者和相对主义者

贝克莱是最早的"相对主义者"之一，相对主义者认为运动只在相对于另一个物体测量时才有意义——后来德国数学家戈特弗里德·莱布尼茨发展了这一想法。200年后的阿尔伯特·爱因斯坦也抱有与贝克莱和莱布尼茨相似的观点，即空间的几何性质取决于填充空间的物质的存在。对于贝克莱、莱布尼茨和后来的爱因斯坦而言，脱离物体而单独存在的绝对空间是十分荒谬的，甚至在哲学上令人反感。

与此同时，就算牛顿考虑过引力为何存在，他也从未花很多篇幅探讨过这个问题。在他的巨著《原理》中，牛顿写道："但迄今为止，我无法从现象中发现引力具有这些性质的原因，也没有得出任何理论……"然而在1675年私下写给亨利·奥尔登堡的一封信中，牛顿提出："应当假设存在一种以太介质，它与空气的构成类似，但要稀薄、隐秘、有弹性得多。因为电、磁流体和引力原理似乎要求这样的多样性。也许整个自然界的框架不过是某些以太液体或蒸汽原样凝结而成的各种混合物……这样一来，或许所有事物都起源于以太……"

四维超立方体的三维投影图像

戈特弗里德·威廉·莱布尼茨

莱布尼茨是18世纪著名的博学家、数学家和哲学家，他认为我们生活在上帝可能创造出的最好的宇宙中，这一著名的观念体现了他对世界的乐观态度。作为数学家，莱布尼茨是微积分的共同发明者之一，尽管这遭到了同时代的艾萨克·牛顿的强烈质疑。或许更值得注意的是，在物理学中，莱布尼茨的相对主义观念为20世纪的相对论打下了基础。在相对论中，物体自身之间的关系创造了空间和时间，这取代了牛顿物理学中固定的空间和时间框架。

牛顿和宇宙的大小

无限的宇宙

牛顿认为，宇宙必须是无限的，因为其引力物理学给出了十分具有说服力的论点。如果每个物体都受到宇宙中所有其他物体的力的作用，为了不让天空中的恒星移动（它们被认为定义了宇宙的界限），宇宙就必须是巨大甚至无限的。如果不是这样，在有限的宇宙中所有的实体物质将在它们自身相互的引力作用下坍缩。只有在一个无限的宇宙中，无数物体对彼此施加的引力效应相加，才有可能抵消其中每个物体所受的合力。对牛顿而言，在数十年的时间跨度上没有人看到恒星在天空中打转的事实，意味着宇宙在空间上是无限的，并且当中各处的物体密度大致均一。牛顿还提到过一种与空间共存的"无限且永恒"的神圣力量，它"在所有方向上无限延伸"并且"在时间上是永恒的"。牛顿在他1666年至1668年间写下但未发表的手稿《引力》中指出："如果布满恒星的天空是有限的，它们将全部'落到中间'并'形成一个巨大的球形物体'。"

暗夜之谜

茂密的森林可以模拟奥伯斯佯谬，身处其中，所有视线都会终结于远处的某根树干

开普勒的数学运算能够限定行星运行区域的尺寸。恒星球却不受限制，并且被认为是无限的。开普勒认为宇宙必须是有限的，否则夜空不可能彻底漆黑一片。英国天文学家托马斯·迪格斯在数十年前就考虑过这个"黑暗天空"问题。他率先提出了无限的宇宙会"充斥着无数恒星交织的光芒"的想法。但这样一来，问题就成了为何夜空如此黑暗，而不是被"无数恒星"的光所填满。这个想法在1826年由德国天文学家海因里希·威廉·奥伯斯再次独立提出，如今被称为"奥伯斯佯谬"。

奥伯斯佯谬

想象你站在树林深处：无论朝哪个方向看，看向远方地平线的视线都会遇到某棵树的树干。在一个无限的宇宙中，所有视线都终将落在太空深处某颗恒星的表面上。尽管由于光的强度随距离的平方下降，远方的恒星对天空亮度的贡献越来越少，但在均一的宇宙中，任意距离上的恒星数量与距离的平方成正比。任意距离上光线变暗和恒星数量增加带来的影响相互抵消，令天空的亮度持续增加。在这样的宇宙中，整个天空都将以恒星表面的亮度发光！奥伯斯佯谬似乎只有在宇宙的空间或时间有限的情况下才能解决。

1848年，作家埃德加·爱伦·坡在《我发现了》中为奥伯斯佯谬提供了另一种解释。"如果恒星绵延不绝，那么天空的背景将呈现均一的光度，就像银河系那样——因为天空的整个背景中绝不会有任何一个点不存在恒星。在这种情况下，为了理解望远镜在无数方向上发现的虚空，我们只能认为无法看到的背景（的）距离（是）如此之大，以至于还没有任何来自它的光线到达我们所在之处。"空间虽然巨大，但并非必须是无限的，因为此刻填满天空的恒星的光需要很长时间才能抵达我们这里。

相对论

19世纪，物理学家对电荷和磁性的研究得出了许多重要定律，也使詹姆斯·克拉克·麦克斯韦创造出了新的电动力学理论。该理论将数个独立的发现结合在一起形成统一的数学理论，描述带电粒子及它们在电流中的运动如何引发磁性，乃至电磁辐射产生。电磁辐射后来被德国物理学家海因里希·赫兹发现，物理学家发现光与电磁辐射是一回事。

詹姆斯·克拉克·麦克斯韦

电动力学 ▶ 描述了带电粒子在电流中的运动如何引发磁性的学科。

电动力学

在1785年夏尔-奥古斯丁·德·库仑对带电粒子进行了实验后，安德烈-马里·安培于19世纪头几年发现了电流并对其做出了数学描述，而后汉斯·克里斯蒂安·奥斯特在1820年发现电流可以生成磁场。移动电荷这种名为电磁的全新性质带来了电动机和发电机的发明。1831年，迈克尔·法拉第发现，一根导线中变化的电流会在附近的另一根导线中感应出电流，这一过程被称为电磁感应，它促成了变压器的诞生。19世纪60年代，詹姆斯·克拉克·麦克斯韦成功地利用四个方程对所有与带电粒子、电流及磁性相关的实验现象做出了数学上的描述，它们构成了麦克斯韦电动力学方程组。从这组方程可以导出一个数学上的波动方程，它代表着电磁波，后来科学家发现，无线电波和光辐射都是它的不同形式。

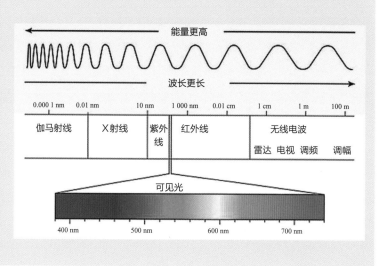

1864年，麦克斯韦解决了如何利用他的电动力学理论描述运动的带电物体的问题，但他在研究中很快发现了一处明显的矛盾：在从其他以匀速运动的参考系的角度描述时，方程的形式发生了变化。这是个微妙且不容易理解的问题。假设你和朋友正分别进行利用移动的磁铁在电线中感应电流的实验，且你的朋友坐在一辆离你远去的汽车后座上。尽管你们的实验可能完全相同，但按照麦克斯韦方程组，你会观察到，正在移动的朋友车上的电场和磁场与你在自己的实验中看到的不一样。同样的实验怎么会仅仅因为你们中的一个人在移动就看起来不同了呢？有一段时间，物理学界曾认为，麦克斯韦电磁波（例如

马可尼对无线电信息进行的跨大陆传输所使用的信号）遵循的物理规律与描述行星运动和炮弹轨迹的牛顿力学定律是分开的。直到1905年，德国物理学家阿尔伯特·爱因斯坦发表了他的狭义相对论，才对这两种现象有了一致的解释。

狭义相对论为物理学家提供了四个需要思考的新现象。在接近光速时，时间变慢，长度变短，而质量增加。流传最广也是迄今最夸张的预测来自 $E = mc^2$，它表明了能量（E）和质量（m）是自然界中可以互换的物理概念。如果你能够将1克物质转化为能量，所释放的能量会比绝大多数原子弹高得多。太阳每秒必须转化近200万吨物质才能发出如此明亮的光。而对于之前的电磁感应实验，情况也与我们仅凭直觉想象的有所不同。

你在自己的参考系中进行的实验相对你自身而言是静止的，但车里的同伴正以特定的速度远离你。对于坐在车上的你朋友而言，他的电流也在以和你的电流相同的速度运动，因此你们将测量到相同的电流和磁场。不过由于两个参考系之间存在相对运动，如果你观察车里朋友的电流，就会发现其运动速度与你自己实验中的电流不同。这导致你在车里的实验中观察到的磁场强度也有所不同。而应用狭义相对论公式，再加上光和电流有限的速度，现在你能以你在自己的实验中测得的"固有"电流和场，精确地计算出车内实验的测量结果——麦克斯韦悖论之谜就此解决。

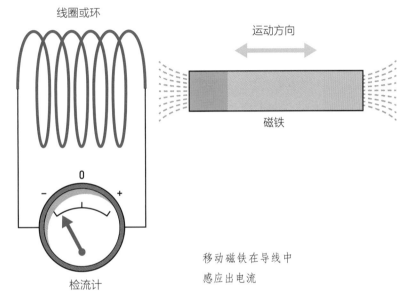

线圈或环

运动方向

磁铁

0

−　＋

检流计

移动磁铁在导线中
感应出电流

时空

光速在所有惯性参考系中保持不变意味着，当你将对空间和时间间隔的测量从一个参考系变换到另一个参考系时，新的坐标中空间和时间单位会混杂在一起！德国数学家赫尔曼·闵可夫斯基提出了"时空"一词，用来表现时间和空间在对物理世界的所有描述中交织在一起的这种现象。"我想告诉你的有关时间和空间的观点源自实验物理学的土壤，而这也正是它们的力量所在。这些想法很激进。今后，空间和时间本身注定消失在暗影中，只有二者的某种结合才能作为独立的现实存在。"闵可夫斯基是首位将粒子在时间和空间中的历史作为四维平直时空中的"世界线"看待的科学家。

这一新的舞台包含三个空间维度和一个时间维度，是四维的时空连续体。时空是非常有用的物理概念，但它带来了一个严重的哲学问题。物理学的真正舞台是四维的时空"块体"，当中世界线从始至终追溯着每个粒子完整的历史。

赫尔曼·闵可夫斯基

闵可夫斯基是一位德国数学家，继19世纪中期伯恩哈德·黎曼的各种发现后，他专门研究N维几何的性质。闵可夫斯基曾是阿尔伯特·爱因斯坦在苏黎世联邦理工学院的老师，他于1907年研究了爱因斯坦新发表的狭义相对论。闵可夫斯基发现，该理论中时间和空间的坐标变换公式可以被视为四维时空连续体的几何性质。他还发明了如今我们在相对论中用到的所有术语，包括事件、世界线和时空本身。闵可夫斯基的狭义相对论几何建立在类似于欧几里得空间的没有曲率的平直时空中，被称为闵可夫斯基时空。

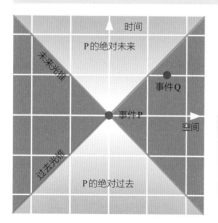

二维版本的四维闵可夫斯基时空（第四维是时间）

世界线 ▶ 物体在四维时空中的路径，它包括物体从过去到未来所处的不同时刻及其在三维空间中的位置。

块体宇宙 ▶ 该理论认为，宇宙中过去、现在和未来的所有物体和事件都存在于一个四维体中。

但这必然意味着它是一种完全永恒的自然观。它剥离了我们称之为"现在"的此刻的重要性，并以一切物体实际上并没有运动的观点取而代之。以时空的观点来看，粒子并不运动，我们可以从它们完整历史的视角一次看到其全貌。简单的数学和逻辑推论告诉我们，块体宇宙中所有的"现在"都同样真实，因此过去、现在和未来也一样真实，并且在某种意义上一直存在。尽管如此，这种新颖的观点令狭义相对论变得极其实用，预言了可被检验的新的自然现象，并解决了麦克斯韦理论中隐含的悖论。

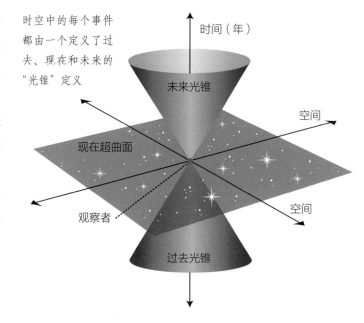

时空中的每个事件都由一个定义了过去、现在和未来的"光锥"定义

时间（年）

未来光锥

空间

现在超曲面

空间

观察者

过去光锥

引力

尽管狭义相对论取得了巨大的成功，但它仍存在着一个明显的缺陷：它无法描述引力效应。在狭义相对论中，参考系之间的相对速度是恒定的，因此所有世界线都是欧几里得几何中的"直线"。因为引力在距离较远的参考系间引入了加速度，狭义相对论只在相对速度看似恒定的短暂时间间隔中有效。此外，由于空间中各点的引力不同，狭义相对论仅适用于空间中很小的区域。

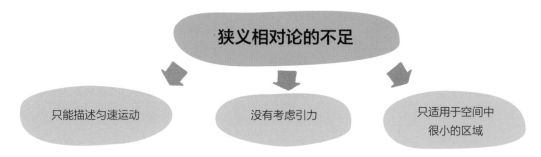

狭义相对论的不足

只能描述匀速运动

没有考虑引力

只适用于空间中很小的区域

爱因斯坦在1905年至1912年间进行了多方面的研究，以推广并超越狭义相对论，最终于1915年发表了他的广义相对论。爱因斯坦知道，引力理论必然十分复杂，但当运动速度比光速慢得多并且引力很弱时，它必须简化至我们熟悉的牛顿引力理论。在1912年8月10日到16日之间的某个时刻，爱因斯坦意识到，引力理论需要一种全新的时空几何。狭义相对论用到的平直的欧几里得几何并不满足这一需求，因为其中所有参考系都通过不包含引力的简单变换关联在一起。

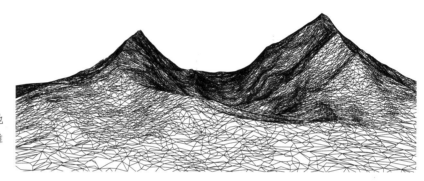

就连崎岖不平的地表也能以块状二维平面铺满

想象一下我们要用平面的邮票铺满球体。如果邮票足够小，它们能非常近似地再现球体的形状。每张邮票表面的曲率都为零。根据狭义相对论，它们中的每一张都代表着局域平直的闵可夫斯基时空。然而，和球体表面一样，真正的时空在引力扭曲的影响下会产生明显的弯曲，从而造成不同"邮票"间加速度的差异。

爱因斯坦试图找到在小块时空中描述整体加速度的方法，但很快就发现这个问题难以研究，因为他缺乏必要的数学工具。爱因斯坦当时并不知道，19世纪数学家的研究成果早已远远超过他所学到的平直的传统欧几里得几何。他们创造出一种全新的几何，其特殊规则适用于任意维度的弯曲空间。爱因斯坦从他的朋友、数学家马塞尔·格罗斯曼那里听说了这种研究弯曲空间几何的全新数学，他很快意识到这正是他所寻找的答案。爱因斯坦发现，加速度会表现为世界线在时空中的弯曲，但他需要以某种方式将这种曲率与物质本身的性质联系起来。这一研究发展的细节是理解现代宇宙学中时空本质的关键。

超越欧几里得几何

弯曲空间和更高维度

地球的二维表面受山脉和其他各种不规则地形影响，存在弯曲，而土地测量员则要想办法在这种情况下对地球表面的一小部分进行测量。

1827年，卡尔·弗里德里希·高斯提出，嵌在三维欧几里得空间中的二维曲面的几何性质可以通过表示该曲面内两点之间距离（也称度规）的公式来研究。勾股定理是这种度规的一个例子，它给出了三维空间中任意两点间的距离（dS）：

$$dS^2 = dx^2 + dy^2 + dz^2$$

对于各种类型的曲面，该式可以被简写为：

$$dS^2 = g_{ij}\, dx^i + dy^j$$

这里的g_{ij}被称为基本度规张量，它包含有关曲面几何的数学信息。

卡尔·弗里德里希·高斯（1777—1855）开创了对三维曲面的数学研究

卡尔·弗里德里希·高斯

高斯经常被称为史上最杰出的数学家之一，他在19世纪初的工作成为数学和物理学发展的基石。在1818年对汉诺威王国进行的勘测工作中，高斯开发出的有关三维曲面的基本数学框架，为后来19世纪中期伯恩哈德·黎曼在N维几何研究中的发现以及20世纪初完成爱因斯坦广义相对论所需的张量数学工具的诞生打下了基础。高斯发现，空间的几何性质（尤其是曲率和拓扑）可以在从其内部测量时通过对"角亏"的仔细分析得到。他还对磁性的研究做出了许多贡献，帮助发展了它作为数学理论的基础。

下一步是将高斯的方法拓展到曲面几何中，以使其能够应用于任意维度，而不仅仅是二维。德国数学家伯恩哈德·黎曼在1854年做到了这一点。他仅根据由高斯度规公式表达的曲面内禀性质定义了一种对它的数学度量——曲面各点的曲率。

$$R_{mnij} = \frac{1}{2}\left[\frac{\partial^2 g_{jm}}{\partial x^i \partial x^n} - \frac{\partial^2 g_{nj}}{\partial x^i \partial x^m} - \frac{\partial^2 g_{im}}{\partial x^j \partial x^n} + \frac{\partial^2 g_{ni}}{\partial x^j \partial x^m}\right]$$

黎曼曲率公式

假设你在三维欧几里得空间中用笛卡儿坐标 (x, y, z) 定义点的位置，黎曼曲率公式会告诉你在这种坐标系的选择下 $R_{mnij} = 0$，也就是说空间是平直的。现在换用新的"球坐标系"对同样的点进行描述，它们将由两个角和一个到坐标系中心的径向距离 (r, θ, ϕ) 表示。如果再次利用黎曼的公式计算曲率，它还会告诉你空间是平直的！黎曼曲率公式能够通过从内部度量其性质得知三维空间是否弯曲。另外，一旦知道了 g_{ij}，就可以用黎曼的数学工具计算两点间沿一条名为测地线的路径的最短距离。

格奥尔格·伯恩哈德·黎曼发明了曲面的曲率公式

测地线 ▶ 曲面上任意两点间的最短距离。在《平面国》（参见第48页）中，生活在球面上的二维生物在沿测地线运动时认为测地线是笔直的，尽管它事实上是一条弧线。

选择哪种坐标系描述点的位置并不重要。爱因斯坦发现，如果把数学中"坐标系"的概念换成物理上的"参考系"，再把"测地线"换成世界线，就得到了一个包含加速度的理论。其中加速度就是世界线的曲率，世界线则是将时空中的点连接起来的测地线——它们是物质或光线所遵循的路径。

格奥尔格·弗里德里希·伯恩哈德·黎曼

　　德国数学家，通常被称为伯恩哈德·黎曼，在1847年曾是卡尔·弗里德里希·高斯在哥廷根大学的学生。1853年，高斯让黎曼为其几何学博士论文拟定详细的方案，后者借助高斯提供的几何工具及微分几何领域的新进展，自此开创了 N 维非欧几里得几何的研究。黎曼的博士论文《论奠定几何学基础的假设》直到他在1866年因肺结核去世后才发表，但它开创了整个黎曼几何学派，并为爱因斯坦在约40年后发展广义相对论铺平了道路。

长途客机沿地球表面最短的路线（测地线）飞行

　　爱因斯坦使用了黎曼几何的语言和意大利数学家格雷戈里奥·里奇–库尔巴斯特罗开发的张量数学工具来表达时空几何与引力之间的关系——这就是爱因斯坦著名的引力场方程：

$$R_{\mu\nu} - \frac{1}{2}Rg_{\mu\nu} = \frac{8\pi G}{c^4}T_{\mu\nu}$$

你首先会注意到的是，这个看上去美丽而神秘的公式和牛顿的引力定律一点儿也不相似：

$$F = \frac{GMm}{r^2}$$

事实上，在引力场（曲率）很弱且粒子速度相对于光速非常慢的情况下，可以从爱因斯坦的相对论性引力方程中得到熟悉的牛顿公式。爱因斯坦方程中的 $T_{\mu\nu}$ 被称为能动张量，它描述物质和能量在时空中每一点的分布。里奇曲率张量 $R_{\mu\nu}$ 与黎曼曲率张量 $R_{\mu\alpha\nu\beta}$ 有关，给出时空中各点由于物质和能量的存在而产生的曲率。最后，度规张量 $g_{\mu\nu}$ 提供了关于时空几何在各处如何变化的全部信息。它也代表着引力场本身，这是爱因斯坦的一项重大发现。三维空间不过是宇宙引力场的另一个名字。

里奇曲率张量

标量、矢量和张量

数学量可以根据描述它所需的分量数目来分类。例如，描述温度或质量只需要一个以摄氏度或千克为单位的可观测量，因此，温度和质量皆为标量，分别以 T 和 M 表示。一些更为复杂的量，例如汽车的速度和空间中磁力的细节信息被称为矢量，它们在三维空间中具有三个分量（$V = V_x,\ V_y,\ V_z$），但可以利用勾股定理被简化为速率等标量。除此之外，还有压力这种不仅需要以矢量描述，还需要将该矢量的分量投影到空间中各表面上的量。比如 P_{xy} 表示一个垂直于曲面的压力投影在笛卡儿 x–y 平面上的分量。压力是张量的一例，其他张量包括引力场和固体内部的应变。

物体的质量扭曲了空间的几何结构，造成了我们称之为引力的力

这个方程能用来做什么呢？在学校学习代数时，我们曾被要求提炼出问题并"求解 x"。为了求解爱因斯坦方程，首先要在数学上指定物质和能量在整个时空中的分布 $T_{\mu\nu}$ 以确定问题。下一步，我们求解 $g_{\mu\nu}$，它会在数学上告诉我们时空由于其中物质及能量的多寡和位置具备怎样的几何结构。之后利用黎曼提供的数学工具，可以根据 $g_{\mu\nu}$ 计算出时空中包括光和火箭在内的全部粒子的精确世界线（测地线）。

求解爱因斯坦方程

自100多年前爱因斯坦提出该方程以来，它一直被用来求解 $T_{\mu\nu}$ 可能存在的最简单的形式。方程的一些平凡解带来了黑洞（所有质量位于时空中同一个点的情况）的发现和大爆炸宇宙学（物质是填满时空的稀薄气体）的诞生。如今，科学家用超级计算机来进行这些复杂的计算，以预测黑洞的碰撞与合并以及其他现实条件下的物理现象。

引力透镜

爱因斯坦的广义相对论做出的新预言之一，是光线在穿过大质量物体附近扭曲的时空时会弯曲。如果以太阳作为这个大质量点，从地球上看，遥远恒星在太阳边缘附近的光线看上去会略微偏离太阳，爱因斯坦计算出，位置的偏移约为1.5角秒。

前景中的星系充当着引力透镜，使后方遥远星系发出的光线弯曲，将其图像扭曲成数个部分

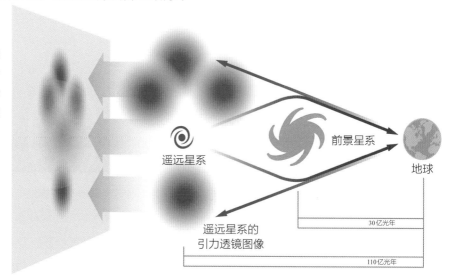

遥远星系

前景星系

地球

30亿光年

遥远星系的引力透镜图像

110亿光年

阿尔伯特·爱因斯坦

爱因斯坦是20世纪最著名的物理学家，或许也是史上最伟大的物理学家之一。他在1905年发表狭义相对论之前就对物理学做出了重要的贡献。他利用马克斯·普朗克关于光的量子化理论解释了光电效应，并通过研究水滴中尘埃的布朗运动证明了物质的原子性。以上任何一项工作都足以奠定爱因斯坦在物理学史上的杰出地位。1920年，由于其广义相对论的一项预言被观测证实，爱因斯坦被推入公众视野。在后来的工作中，爱因斯坦为宇宙学、量子理论乃至对物理学"统一场论"（如今称为万有理论）的探索做出了一长串贡献，直到他于1955年去世。

> **引力透镜** ▶ 引力较大的物体会令其周围的光线弯曲，物体的质量越大，光线扭曲的程度越大。

证明爱因斯坦是对的

科学家选择将1919年5月29日的日全食作为检验爱因斯坦和牛顿的理论究竟哪一方正确的试验场，整个科学界都等待着结果。英国天文学家、物理学家和数学家亚瑟·爱丁顿是进行这项测 爱丁顿的远征 试的人选之一，他是爱因斯坦理论的支持者，尽管当时爱因斯坦这位德国物理学家在英国并不出名。爱丁顿随远征队航行到非洲西海岸附近可以看到日全食的普林西比岛。日食过程中拍摄的照片上，一颗本来应该被太阳挡住的恒星清晰可见，显示了太阳引力对其光线的弯曲效应，一如爱因斯坦的预测。之所以选择在日食期间进行观测，是因为在其他时候，太阳的光芒会掩盖这一效应。世界各地的报纸都报道了爱丁顿的观测结果，包括《纽约时报》1919年11月10日的头版。

亚瑟·爱丁顿爵士

这位英国物理学家和天文学家在天体物理学的许多领域都留下了自己的痕迹。1920年，他利用日全食证明了阿尔伯特·爱因斯坦新的广义相对论最重要的预言之一：星光在太阳边缘处的弯曲。在对恒星内部的数学性质进行了多年研究后，爱丁顿于1920年发表了论文《恒星的内部构成》，应用爱因斯坦著名的 $E = mc^2$ 的关系预言了恒星的能量源自核聚变过程。之后爱丁顿对白矮星的稳定性进行了研究，并根据量子力学原理及电子简并压力确定了白矮星的质量极限是1.44倍太阳质量。他甚至设计出了一种衡量骑行者能力的标准——爱丁顿数：如果自行车手在 E 天中每天骑行 E 英里，其爱丁顿数就是 E！

假设空间不被质量扭曲，利用牛顿物理学也可以进行同样的计算，但预测的星光的偏移恰好 星光偏移 是之前的一半，因为在牛顿力学中空间不受引力影响而弯曲。因此，日全食是对牛顿和当时并不知名的爱因斯坦到底谁正确而做出明确检验的机会。结果显示，恒星周围的空间并不像欧几里得几何表明的那般平直，而正如爱因斯坦所预言的那样是扭曲的。

这种扭曲会造成一种名为爱因斯坦环的效应。最先发现爱因斯坦环的是麻省理工学院的天文学家杰奎琳·休伊特，她用甚大阵射电望远镜在射电源MG1131+0456中观测到一个类星体，它被离我们更近的星系的引力透镜效应所扭曲。同一个物体形成的两个独立但非常相似的

哈勃望远镜图像中的爱因斯坦环

图像在引力透镜周围几乎延伸成完整的环。曼彻斯特大学的天文学家和美国航空航天局的哈勃空间望远镜项目于1998年合作发现了第一个完整的爱因斯坦环，它被命名为B1938+666。不规则的质量分布（例如星系团中的星系）可能导致更加复杂的引力透镜效应。

在这种情况下，一束光线的路径会比简单的一维角度偏转复杂得多。来自星系团后方更遥远的背景星系的光线被星系团偏折到各个方向，形成同一个星系的大量扭曲的图像。通过这些所谓的"引力透镜弧"的形状和分布，科学家可以确定星系团的总引力质量，还能借助名为光线追踪法的过程用它们重新合成遥远星系未被扭曲的图像。

到了1987年，阿贝尔370等遥远星系团的照片中开始出现一些奇怪的弧形图像，与这些星系团中任何其他星系都不类似。20世纪80年代中期，地面望远镜对阿贝尔370中最突出的弧形图像的观测结果令天文学家推断，它并非星系团中的某种结构，而是一个比星系团远一倍的天体的引力透镜图像。对遥远引力透镜系统的后续研究和相关模型不仅借助广义相对论详细地再现了对光线的扭曲，更彻底改变了

阿贝尔1063这张图像中的蓝色弧形是该星系团后方更远处星系的引力透镜图像

天文学家研究遥远宇宙的方式。

　　首先，根据引力透镜效应和有关星系团质量分布的模型，可以逆转引力造成的扭曲效应，并恢复星系团后方受引力透镜影响的星系的图像。另外，引力透镜过程强化了来自这些遥远天体的光线，令天文学家得以一窥遥远得多因而也年轻得多的宇宙中正在形成的星系。在某种意义上，哈勃空间望远镜成了跨越数百万光年的遥远宇宙透镜的"目镜"！

　　其次，充当引力透镜的星系团的详细质量模型包括所有对其引力有贡献的物质，无论可见与否。由此，天文学家不但能确定每个星系团的发光质量，还能得知我们尚未观测到的"暗物质"成分的质量并推测其在星系团中的分布。我会在第五章进一步探讨关于暗物质的问题。

对背景星系的引力透镜效应能够揭示星系团中暗物质的分布

引力透镜

　　时空扭曲造成星光偏折的基本公式是

$$\theta = \frac{4GM}{Rc^2}$$

　　其中G是牛顿万有引力常数（$6.67 \times 10^{-11} \text{N} \cdot \text{m}^2/\text{kg}^2$），$c$是光速（300 000 000 m/s），$M$是天体以千克为单位的质量，$R$是光线穿过之处到天体中心的距离（以米为单位）。以太阳为例，如果恒星的图像到太阳中心的距离是两倍太阳半径，R就是140万千米（即1.4×10^9米），而M是2×10^{30}千克，那么

$$\theta = 4\,(6.67 \times 10^{-11})(2 \times 10^{30})/(1.4 \times 10^9)(3 \times 10^8)^2 = 4.2 \times 10^{-6}\ （弧度）$$

　　由于1弧度等于角度制的206 265角秒，恒星图像偏移了0.9角秒。

引力波

广义相对论还预测引力场和电磁场一样，会产生类似于波的现象。1918年，爱因斯坦发表了一篇论文描述这些波，并确定了三种不同的类型。在引力波穿过观察者时，观察者会感受到度规随着时间以特定模式变化，这是因为本地坐标系中的距离会随着正在加速的遥远大质量天体发生变化。1957年，美国物理学家理查德·费曼发现引力辐射能够带走系统中的能量，这一结果促使约瑟夫·韦伯在马里兰大学建造了第一台引力波探测器。

韦伯后来在1969年声称探测到了引力波，但他的观测并没有得到其他引力波探测器的独立确认。尽管如此，支持引力波存在的令人信服的论证让物理学家持续工作数十年，以提高探测器灵敏度，始建于1994年的激光干涉引力波天文台（LIGO）也在这一背景下诞生。对引力波的直接探测在30年间一直是物理学界的"金羊毛"，但众所周知，类似引力辐射的现象还可以用来解释一个受到大量研究的天体系统：赫尔斯–泰勒脉冲双星（PSR B1913+16）。

激光干涉引力波天文台

马萨诸塞大学的拉塞尔·赫尔斯和约瑟夫·泰勒在1974年首次观测到的这对脉冲星，是天文学家发现的第一对中子星双星系统。其中一颗中子星本身就是脉冲星，它每秒旋转数十次并释放无线电脉冲。借助对其脉冲信号和时间的准确测量，赫尔斯和泰勒以极高的精度推算出了有关两颗中子星轨道及旋转的细节。接下来十年间的重复测量显示双星系统正失去质量，该过程造成的引力辐射将达到 7×10^{24} 瓦，相当于太阳发出的光辐射的2%。这个数字在校正了中子星自身潮汐形变导致的能量损失后，与广义相对论的预测完全相符。在这种速度下，两颗中子星将在约3亿年内沿轨道螺旋向内发生碰撞。该碰撞事件会是更强大的引力波源，在不到1秒的时间内释放的能量将超过我们银河系中所有恒星的总和。

欧洲引力天文台的室女座干涉仪。它和激光干涉引力波天文台共同确认了引力波的发现

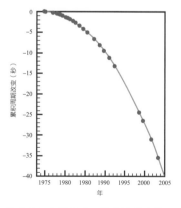

赫尔斯–泰勒脉冲双星在轨道中的能量损失证实了引力辐射的存在

中子星 ▶ 大质量恒星在超新星爆发后由于引力坍缩形成的体积很小的致密天体。

脉冲星 ▶ 快速旋转的中子星或白矮星，释放出非常强大的电磁辐射束。由射电天文学家乔斯琳·贝尔·伯内尔发现。

在多年毫无收获的搜寻后，经过改良的探测器于2015年投入使用。激光干涉引力波天文台于2015年9月14日首次直接探测到了引力波。物理学家推测这段被命名为GW150914的引力波信号源自质量分别为太阳36倍和29倍的两个黑洞并合形成一个总质量约为太阳62倍的黑洞的过程。这意味着，引力波信号带有3倍太阳质量左右的能量，约为5×10^{47}焦。在并合的最后数分之一秒释放的能量，是整个可观测宇宙中所有恒星总能量的50倍以上。这两个黑洞并不在我们的银河系中，而是位于13亿光年之外。

除了黑洞和中子星碰撞，引力波还为我们研究宇宙早期历史提供了最深入的视角之一。大爆炸事件本身产生的引力波在空间背景辐射（宇宙背景辐射，CBR——参见第78页）中留下了独特的印记，对它们的解读可以极大地丰富我们对在时空的原点处发生的各种事件的认知。

中子星碰撞

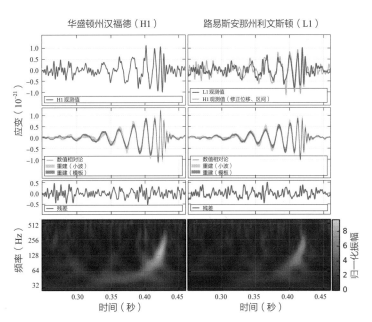

右图：激光干涉引力波天文台干涉仪探测到的引力波

空间是一种"迷思"

广义相对论首次让我们瞥见了时间、空间和引力场之间的密切联系。爱因斯坦场方程的内涵绝不仅仅是引力可以被视为时空的局域曲率这么简单。表示时空度规的数学量$g_{\mu\nu}$与描述引力的场完全相同:引力不只是时空的曲率,它就是时空本身!

"先决几何"的问题不仅对理解爱因斯坦为何选用$g_{\mu\nu}$表示引力至关重要,也是决定$g_{\mu\nu}$究竟是不是一个复合对象(一部分是引力场,另一部分则代表预先存在且不会改变的时空背景)的关键。为了能进行这样的分解,$g_{\mu\nu}$先决几何的部分不能受质量或能量影响——那是代表引力场的部分所独有的角色。先决几何必须扮演可以从中构建狭义相对论和牛顿物理学的时空绝对基石的角色,但它不会对物质或运动产生任何物理影响。在爱因斯坦提出广义相对论之时,以及自那以来,人们没有观测到任何表明有某种以先决几何要求的方式脱离物理学存在的"宇宙几何体"或充满空间的介质的物理证据。

爱因斯坦的选择是,没有预先存在的时空框架,$g_{\mu\nu}$代表一切。这样的想法看似激进,却是与所有已知现象以及相对论自身核心思想相一致的最简单的假设。爱因斯坦曾指出,先决几何"建立在预设的欧几里得四维空间上,其理念近乎迷信"。莱布尼茨的相对性观点也暗示空间和时间并不存在,而仅仅是物体间的关系,因此,没有了物体,空间和时间也将不复存在。

阿尔伯特·爱因斯坦
发展的广义相对论对
理解宇宙如何运作至
关重要

宇宙学常数

威廉·德西特

哈勃定律

宇宙膨胀

大爆炸宇宙学

亚历山大·弗里德曼

乔治·勒梅特

宇宙微波背景辐射

宇宙标度因子

宇宙背景探测器

威尔金森微波各向异性探测器

宇宙膨胀

有了新的关于引力和时空的相对论作为工具，爱因斯坦立即尝试求解曲率方程，以得到有关宇宙的模型。鉴于此前从来没有人见过这些方程，爱因斯坦必须自己设置合适的条件，并找到它们的解。等式左边的部分不过是四维曲率的数学表达式，但右半部分必须描述物质和能量在整个时空中的分布。

如果选择所有质量都集中在一个点上的分布，就得到了方程的"黑洞"（时空中引力效应极强的区域，就连光都无法逃逸——参见第144页）解。但如果让物质在各处均匀分布（各向同性且均质），会得到第二类相当有趣的解。"各向同性"的意思是，当你从一个位置观察时，无论看向周围哪个方向都一样（旋转不变）。"均质"意味着，即使你改变自己的位置，在周围观察到的也是一样的内容（平移不变）。

物质分布

> **各向同性** ▶ 从任意观测者的角度看去，物质在二维天空中各角度上均匀分布。
>
> **均质性** ▶ 物质在第三个沿空间纵深的维度上均匀分布。

1917年前后，爱因斯坦在考虑了当时有关宇宙的知识后决定赞同艾萨克·牛顿的观点：物质在整个空间中均匀分布，并且能够以一个简单的类似于普通气体密度的值表示。这种"宇宙气体"代表着星系中所有恒星汇成的平均密度约为每立方米11个原子的气体。当爱因斯坦将这个值用在方程的右侧并假设宇宙均质（密度不取决于x、y、z或r等距离变量）且具有各向同性（密度不取决于q或f等方向变量）时，等式左侧所需的定义曲率的方程数量大大减少。但结果却不是他所期望的。方程的解要求宇宙处于坍缩状态，这与爱因斯坦的认知中天文学家有关天空中恒星和星云的结论完全不符。

宇宙气体

为防止宇宙坍缩并使其在时间上大致维持静态，爱因斯坦认为他不得不在引力方程中加入一个"修正因子"，即以希腊字母 Λ 表示的"宇宙学常数"，如下所示。

$$\underset{\downarrow}{\overset{\text{修正因子}}{}}$$

$$R_{\mu\nu} - \frac{1}{2} R g_{\mu\nu} + \Lambda g_{\mu\nu} = \frac{8\pi G}{c^4} T_{\mu\nu}$$

这个因子可以被精确选择以令宇宙稳定。爱因斯坦的宇宙学常数项事实上非常奇怪，它意味着有某种奇特的"东西"隐藏在每个立方米的空间中，直到最遥远的物质所在之处。这种东西在自然界中产生了一种与引力相反的力，奇迹般地，这种力在太阳系局域尺度上的作用恰好足够令整个宇宙在时间上保持不变。爱因斯坦不知道这种现象是否合理，尤其那时的天文学家并没有办法测量遥远宇宙中物质的速度。他甚至无法断言存在这样的物质。我们不清楚爱因斯坦是否知悉当时借助多普勒效应对河外星云性质及恒星运动的研究，那些研究都指向一个动态的、变化着的宇宙。不过，其他物理学家对爱因斯坦的广义相对论，特别是该理论的宇宙学预言非常感兴趣，他们对其曲率方程进行了比爱因斯坦本人深入得多的探索。

宇宙学常数 ▶ 令宇宙在时间上保持不变的空间能量密度。

德西特膨胀的空洞宇宙

1917年，荷兰天文学家、物理学家和数学家威廉·德西特描述了一个不断膨胀的、没有物质的宇宙，这是爱因斯坦方程的一个密度为零且带有非零宇宙学常数的极端解。爱因斯坦并不喜欢这个解，因为如果在这个宇宙中引入两个测试粒子，随着时间流逝，它们将以由宇宙学常数决定的速度加速远离彼此。更糟糕的是，这些没有任何物质的宇宙根本不是静态的。

1922年，苏俄数学家亚历山大·弗里德曼找到了方程的另一类解，其中宇宙的几何曲率半径（即宇宙的大小）可以根据物质密度的不同而随时间变化。每种弗里德曼解都给出了一个具体公式，说明宇宙的"标度因子"在给定具体物质密度和宇宙学常数值的情况下如何随时间变化。

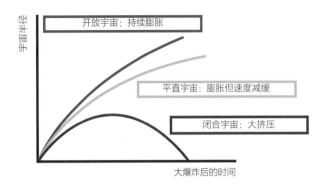

如果将物质密度设为零并保留宇宙学常数，就得到了德西特随时间推移而膨胀的空无一物的宇宙。正如爱因斯坦推论的那样，在这样的宇宙中，数个粒子之间的距离将加速增长。而在将宇宙学常数设为零得到的解中，宇宙也会继续膨胀，但在这种情况下可以从物质密度计算出宇宙整体时空几何将如何改变，以及质点的速度将如何依据物质密度随时间变化。

其中一个解描述的宇宙是闭合且有限的，带有恒定的正曲率，就像球体的表面是面积有限的闭合曲面一样。这样的宇宙会膨胀至其极限体积，之后再次坍缩。另外两个解预言了开放、无限的宇宙：其中一种具有曲率为零的平直时空几何，类似于狭义相对论中的时空；另一种具有双曲形的时空几何，带有恒定的负曲率。

宇宙的密度和它当前的临界密度决定了我们生活在以上哪种宇宙之中。如果宇宙的密度超过其膨胀速度，宇宙将是闭合而有限的，注定在未来再次坍缩。如果密度处于临界值，宇宙会拥有曲率恰好为零的平直几何。如果密度太低，则宇宙的曲率为负。

弗里德曼的"大爆炸"解

弗里德曼解是描述宇宙标度因子如何随时间变化的数学公式。标度因子是对任意两个物体间距离如何增加的度量。

广义相对论和大爆炸宇宙学一个重要却反直觉的特征涉及空间的膨胀，或更准确地说，涉及世界线（物体在空间和时间中的轨迹）之间距离的增加。我们在第三章中探讨时空时遇到过世界线这一相对论物理学概念。弗里德曼解包含随时间变化的标度因子，这代表了一种

宇宙标度因子

为理解宇宙标度因子 $a(t)$ 的重要性，让我们以巴黎和纽约的位置作为类比。这两个城市的经度和纬度是固定的，它们之间的距离则与地球半径相关。假设我们将地球的半径定义为 $R = a(t) \times 6\ 378$ 千米，而此刻的标度因子是 $a($ 现在 $)=1.0$，我们就可以计算两个城市之间的距离并得到预期的结果。但假设由于某种原因，地球的体积在随时间减小，$a(t)$ 就不会一直是 1.0。这样一来，尽管纽约和巴黎的经纬度均保持不变，它们之间的距离也将随时间而变化。弗里德曼解提供的是对标度因子 $a(t)$ 的预测。所谓的"大爆炸"解要求 $a(t)$ 的值随时间增加，增加速度由宇宙当前密度与临界密度之比决定，以符号 Ω 来表示。这意味着：

- 如果密度高于临界值（$\Omega > 1.0$），宇宙将再次坍缩并具有闭合的时空几何，$a(t)$ 会达到其临界值然后降低。

- 如果密度低于临界值（$\Omega < 1.0$），宇宙将一直持续膨胀，而 $a(t)$ 将无限增加。

即使星系的"经纬度"保持不变，它们物理上的距离也随时间而变化。另外，由于 $a(t)$ 是空间本身（而非物质或信息）的性质，其变化率不受光速限制。在广义相对论中，宇宙中物体之间的距离可以以超光速增加，尽管嵌在空间中的物体（如星系和光线）不能。

不断变大的气球演示了宇宙的膨胀

与牛顿物理学完全不同的运动观。在牛顿物理学中，物体处于固定三维空间中的特定坐标上。物体的运动意味着它们在单位时间中自一组坐标移动到另一组坐标上，从而改变彼此之间的距离。对坐标之差应用勾股定理，就可以得出移动的距离。

临界密度

$$\rho = \frac{3H^2}{8\pi G}$$

大爆炸宇宙学的重要成功之一在于，它将宇宙的平均密度与通过哈勃定律测得的膨胀速度（H）联系在一起。截至目前，对 H 最精确的测量值是 $H = 71$ km/(s · Mpc)，或 $1/(9.77 \times 10^9$ 年)。如果选择 $G = 6.6 \times 10^{-11}$ m³ · kg⁻¹ · s⁻² 并且将 H 转换成以秒为单位的 $H = 3.3 \times 10^{-18}$s⁻¹，可以得到 $\rho = 1.9 \times 10^{-26}$ kg/m³。这一密度相当于可见宇宙每立方米的空间中有 11 个氢原子。若想确定宇宙是弗里德曼解中三种可能宇宙中的哪一个，我们只需将观测到的宇宙物质密度与临界密度进行对比（比值由符号 Ω 来表示）。

在广义相对论中，宇宙中的运动比这复杂得多。星系位于空间中固定的坐标上，但它们之间的距离会因空间本身的扩张而变化。遥远星系之所以看上去在以极快的速度远离我们，并不是因为它们在以接近光速的速度运动，而是由于这些星系与我们之间的空间随着这段时间内宇宙的膨胀而极大地扩张了。这一概念很难用直觉理解，就像为何电子可以既像波又像粒子，或者高速运动会导致时钟由于"钟慢"效应而不再同步。这些观测现象没有非常直观的理解方式，但由于它们得到了大量数据的支持，我们必须接受其合理性。

从宇宙学的角度来看，每个星系都拥有一组固定的坐标，但它们之间的距离由 $a(t)$ 的值决定。根据广义相对论，$a(t)$ 并非物理存在，因此可以随时间自由变化，从而令星系之间的距离超光速增加。在大爆炸发生的最初时刻就出现了这样的现象。这种观点符合爱因斯坦的相对论观念——认为我们所谓的空间不过是一种幻觉。星系并没有在空间中运动，而是在某种意义上受空间扩张的拖拽随之移动。只有在参考系大到狭义相对论不再适用、需要以广义相对论定义时空的性质时，才能分辨这样的扩张。

比利时天文学家、物理学家兼罗马天主教神父乔治·勒梅特在 1927 年独立于弗里

得出大爆炸解的亚历山大·弗里德曼

75

德曼对爱因斯坦方程进行了研究，他发现可以通过遥远天体的运动确定我们生活在哪种宇宙之中。确切地说，是可以得知宇宙究竟是静态的还是处于膨胀或收缩的状态，正如各种弗里德曼解告诉我们的那样（不过勒梅特并不知晓弗里德曼的工作）。对于正在膨胀的宇宙，通过多普勒效应测得的径向退行速度与物体距离之间存在一个简单的关系，$V = Hd$。在这个式子中，V是从地球上观测到的星系的退行速度，d是星系到地球的距离，而H是一个定义了弗里德曼宇宙标度因子变化速度的常数。勒梅特对H的值进行了估算，并于1927年发表了他的结果。由于发现了$V = Hd$的关系，他被普遍认为是大爆炸宇宙学的奠基者。

埃德温·哈勃提
出了哈勃常数

哈勃退行定律

1929年，在威尔逊山天文台工作的美国天文学家埃德温·哈勃将他所收集的46个星系的多普勒及距离数据绘制成了一张速度–距离图，并从图中发现了线性相关的趋势。每百万秒差距的距离对应着退行速度约500 km/s的增加。这一速率如今被称为哈勃常数，以H_0的形式出现在公式$V = H_0d$中。

天文学距离单位

天文学家对恒星和星系间的各种距离有几种不同的度量方式。其中最古老的是光年，它在1838年由德国天文学家、数学家和物理学家弗里德里希·贝塞尔首次提出，后来德国科普作家奥托·乌勒也在1851年一篇广受欢迎的天文学文章中提到了它。光年是光在一整个地球年中所传播的距离，即9.46万亿千米。然后是在1903年首次被提出的天文单位（AU），它是地球中心到太阳中心的平均距离。一个天文单位等于1.49亿千米。秒差距在1913年前后开始被使用，它是角秒视差的缩写，代表着地球轨道半径（AU）所对应的视差恰好是一角秒（1/3 600度）的距离。一个秒差距等于206 265个天文单位或3.26光年，相当于30.85万亿千米。天文学家在比较太阳系内的距离时倾向于使用天文单位，在描述星云、星团和星系等天体的尺寸时则多用光年，而秒差距（或兆秒差距）一般用来描述宇宙学尺度上的距离。

弗里德曼解的另一个特点是可以借助哈勃常数估算出宇宙的年龄。对于具有平直几何的无限宇宙 哈勃常数

而言，$T = 2/3H_0$。利用哈勃最初估计的 500 km/(s · Mpc) 的 H_0 值以及 1 Mpc $= 3 \times 10^{19}$ km 的关系，可以

得出宇宙的年龄是 4×10^{16} 秒，即 130 亿年。不过自那以来，天文学观测积攒了更好的数据，令哈勃常

数的值大幅降低，如今对宇宙年龄的高精度估计更接近 140 亿年。

那爱因斯坦的宇宙学常数 Λ 呢？这个常数并没有出现在哈勃定律的预言中。1930 年，亚瑟 · 爱丁

顿发表的一篇论文证明，爱因斯坦带有宇宙学常数的静态宇宙解实际上是不稳定的，因此宇宙学常数

并没有解决爱因斯坦的问题。既然如此，我们就可以从宇宙学理论中去掉它，从而使爱因斯坦方程只

剩下弗里德曼发现的、宇宙中仅有物质的三个解。

爱因斯坦与德西特于 1932 年提出的爱因斯坦–德西特宇宙，直到 20 世纪 90 年代中期一直是宇宙

学的标准模型。它是一个在空间上平直且不断膨胀的宇宙，其中 Λ = 0，膨胀速度在无限远的未来也

趋近于零。爱因斯坦和德西特从宇宙学公式中彻底剔除了宇宙学常数。自从由哈勃的观测中得知宇宙

正在膨胀，爱因斯坦便将宇宙学常数作为不必要的修正因子抛弃了。据物理学家乔治 · 伽莫夫回忆，

爱因斯坦事后将其称为"自己一生中最大的失误"。后来，宇宙学常数

作为发现于 20 世纪 90 年代的一种被称为"暗能量"（参见第 95~96 页）

的神秘的力的可能解释，又一次出现在了宇宙学理论中。

需要知道的名字：大爆炸宇宙学

威廉 · 德西特（1872—1934）

阿尔伯特 · 爱因斯坦（1879—1955）

亚历山大 · 弗里德曼（1888—1925）

埃德温 · 哈勃（1889—1953）

乔治 · 勒梅特（1894—1966）

乔治 · 伽莫夫（1904—1968）

爱因斯坦的难题

1931 年 2 月 11 日的《纽约时报》刊登了对爱因斯坦的采访："遥远星云的红移一锤砸毁了我从前的构造……红移仍是个谜。唯一的可能是宇宙最初维持了一段时间的静态，之后变得不稳定并开始膨胀，但没人会相信这些……利用星云退行速度计算宇宙膨胀速度的理论为伟大的宇宙给出的寿命过于短暂。宇宙将只有 100 亿年的历史，这段时间太短了。在那样的理论中，宇宙始于当时一小块聚集在一起的物质。"

乔治·伽莫夫发展了热大爆炸宇宙学

热大爆炸宇宙学

1931年，乔治·勒梅特在他的《原初原子的假设》中提出，宇宙始于"原初原子"的"爆炸"。英国天文学家弗雷德·霍伊尔后来在20世纪50年代将其称为"大爆炸"，霍伊尔是大爆炸理论的竞争理论——"稳恒态宇宙学"的提出者。勒梅特直到去世前不久才等来了宇宙微波背景（CMB）辐射的发现：这是他预言的早期宇宙高温高密度的阶段所留下的残余辐射。

20世纪40年代，乔治·伽莫夫带头发展了"热大爆炸"理论。他是最早利用亚历山大·弗里德曼和乔治·勒梅特有关爱因斯坦引力方程的非静态解探究物质在宇宙早期阶段经历的历史的人。到了1946年，伽莫夫得出结论，在早期宇宙中占据主导地位的是辐射而非物质。对核合成过程的研究预言，当时出现了一个宇宙光线的强辐射场，它如今的温度会在20 K上下。伽莫夫还发现，在核合成阶段不可能形成元素周期表中比氢重的元素。

核合成 ▶ 质子和中子形成新的原子核。

宇宙微波背景

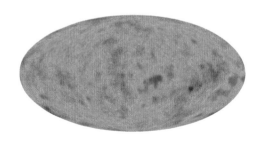

欧洲空间局的普朗克卫星探测到的宇宙微波背景的可视化图像

物理学家很快发现，大爆炸最初"火球"的光线一开始温度极高，其能量至少在伽马射线的量级。而随着宇宙膨胀并冷却，它们将维持黑体辐射的光谱形状（黑体辐射的光谱形状仅由温度决定），尽管辐射的峰值能量会逐渐移至较长的波长。到了20世纪中叶，科学家发现这种辐射只有可能在仅比绝对零度略高几度的温度下在无线电波至微波波段被隐约探测到。成功观测到这种辐射，就能证实大爆炸宇宙学的这一重要预言。

发现来自宇宙"火球"的光

1964年，贝尔实验室的无线电工程师阿诺·彭齐亚斯和罗伯特·威尔逊在微波天线中发现了一个干扰信号（"噪声"），他们尝试降低这个"噪声"，但无法彻底消除它。这一信号的温度约为4.2 K。他们联系了普林斯顿大学正尝试探测宇宙微波背景辐射信号的物理学家罗伯特·迪克和戴维·威尔金森，二人对这一消息非常兴奋。迪克说服彭齐亚斯和威尔逊将观测结果发表在《天体物理学杂志》中，随之刊登的还有迪克及其团队认为它证明了宇宙微波背景存在的观点。不过，由于大爆炸宇宙学的竞争理论、由天文学家弗雷德·霍伊尔提出的稳恒态宇宙学同样对这种辐射做出了解释，宇宙微波背景（参见对页）未能确立其作为大爆炸宇宙学证据的地位。直到20世纪70年代，进一步测量显示宇宙微波背景具备黑体辐射光谱——只有大爆炸宇宙学同时预言了这一特征。

"好吧，各位，我们被抢先了！"物理学家罗伯特·迪克得知贝尔实验室的研究人员探测到了自己正在寻找的宇宙微波背景信号后，向他在普林斯顿的研究团队宣布了这一消息。

自20世纪70年代以来，后续研究利用NASA的宇宙背景探测器（COBE）、威尔金森微波各向异性探测器（WMAP）和欧洲空间局的普朗克卫星等卫星探测器对CMB进行了高精度测量。NASA由天文学家约翰·马瑟领导的宇宙背景探测器远红外绝对分光光度计（FIRAS）团队做出了史上首次对CMB温度的精确测量。他们在美国天文学学会1990年1月的会议上宣布了最初10个月的"前期"结果。马瑟与物理学家乔治·斯穆特由于COBE的观测成果共同获得了2006年的诺贝尔物理学奖。

宇宙背景探测器团队的观测不仅验证了宇宙微波背景2.725 K左右的温度及其近乎完美的黑体辐射光谱，还以误差不到千分之一的精度证实了它在天空中基本上是各向同性的。不过，在更高的精度上可以看到宇宙微波背景辐射温度中十万分之一的差异，它们源自宇宙背景辐射与存在于大爆炸后38万年内的成块不规则物质之间的相互作用。这些不规则性帮助科学家进一步完善了大爆炸模型，当中包括有关暗物质、暗能量以及一段被称为"暴胀"的快速膨胀时期（在后文中会讨论）的证据。对这些现象的探究成为21世纪宇宙学研究的重心。

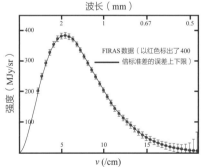

宇宙背景探测器发现的宇宙微波背景的黑体辐射光谱

约翰·马瑟

美国天体物理学家约翰·马瑟于1946年出生在弗吉尼亚州的罗阿诺克。1974年，马瑟从加州大学伯克利分校获得了物理学博士学位，继而投身于宇宙背景探测器的研究。他先是在1974年至1976年间于戈达德太空研究所任职，而后从1976年开始在NASA位于马里兰州的戈达德太空飞行中心工作，直到1988年宇宙背景探测器被发射。马瑟自1988年开始担任NASA詹姆斯·韦伯太空望远镜项目的首席科学家，望远镜计划于2021年发射。2007年，他被《时代》杂志评为世界上最有影响力的100人之一。

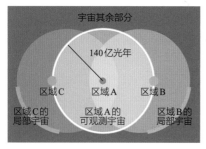

大爆炸宇宙学中的宇宙学视界

宇宙学视界

广义相对论告诉我们，不存在与牛顿物理学中类似的根据有关运动的常识对速度的普适定义。宇宙基于空间膨胀和标度因子变化的运动的直接产物就是大爆炸宇宙学，它也对遥远星系的高速退行以及宇宙背景辐射当前的温度做出了解释。大爆炸宇宙学同时也意味着，宇宙中存在所谓的视界。

宇宙学视界 ▶ 信息能够被观测到的140亿光年的极限。

宇宙中存在视界的后果是，无论我们身处空间中何处，都有我们现在可以看到的地方和我们在未来才能看见的、宇宙更遥远的部分。视界随时间扩大，对一个在未来无限膨胀的宇宙而言，所有视界终将完全重叠，每个观测者都会看到在大爆炸中诞生的全部物体。而在那之前，我们可以让宇宙中的三个观测者A、B和C同时满足如下条件：A能够看见B，B能够看见C，但A看不到C。可以根据目前140亿光年的视界半径安排A、B、C的位置以满足这一逻辑，在纸上很容易画出。

视界之外

我们当前视界范围之外的宇宙是什么样的？由于大爆炸宇宙学的基本假设之一是物质均匀分布在空间各处（前文探讨过均质性及各向同性的概念），我们在视界内观测到的宇宙一隅至少在统计学上应该和在它之外的其他观测者看到的宇宙十分相似。比如当另外的观测者从120亿光年外的位置看向我们所在的方向时，他们观测到的景象将与我们在自己的视界（即可观测宇宙）边缘看到的非常相似，只不过在他们"现在"拍摄的图像中某个年轻的星系会是我们银河系在120亿年前的样子。

虽然除了均一性原理和我们的视角在宇宙中并不特殊这一事实之外并没有其他证据，但天文学家普遍相信，宇宙中每个观测者都会观测到和我们同样类型的天体和物理定律。所有观测者都会看到数十亿光年外的类星体（参见第141页），但不见得是相同的那些。

宇宙微波背景和"视界问题"

我们在回溯宇宙历史并探究视界在宇宙早期经历了何种变化的过程中，会遇到一个严重的问题。如果两个物体如今恰好处在彼此当前的视界内，且能够用光向对方发送信号，那么在仅仅10亿年前，当宇宙只有130亿年的历史时，这二者之间就不可能互相接触了。在大爆炸发生后片刻，宇宙的历史只有一秒左右时，如今构成银河系和仙女星系的物质还只是两团相距约100亿千米的稠密的物质云。而光在这段时间里只能传播1光秒（30万千米）的距离。因此，那时两团物质无法感应到来自对方的光或引力效应。

视界

尽管听上去有些极端，但视界的这种效应可以利用宇宙微波背景检验。我们在天空中观测到的辐射光滑而均匀，这让我们知道它最后接触到的物质具有相同的温度，差异在十万分之一以内。这些辐射最后与物质接触的时间是宇宙诞生后38万年。一般来说，两个物体通过交换以光速传播的热辐射（红外线）来达到相同的温度，而在大爆炸后38万年，光只能传播38万光年，这定义了当时的视界。

均匀辐射

如今这一距离对应天空中约0.8度的范围。这意味着，如果在天空中选择两个相距超过满月直径（0.5度）两倍的点，我们测量到的宇宙微波背景辐射的温度差异应该随着二者距离的增加变大。这和实际观测的结果完全不同。也就是说，借助某种方式，大爆炸后38万年的物质几乎在各处都具有同样的温度。这种在宇宙学视界的限制下展现出的均一性被称为"视界问题"，是广义相对论所描述的大爆炸宇宙学的特征之一。

> 视界问题 ▶ 宇宙各部分尽管近140亿年没有接触，仍维持着均匀的温度。如今，关于这一问题的解释由宇宙暴胀理论给出。

宇宙学奇点

所有具备有限时间原点的大爆炸理论都预言，在 $t = 0$ 时趋近于零的宇宙标度因子会导致奇点的出现：所有物体之间的距离消失，时间也不复存在。但如今的空间中包含物质，这意味着宇宙在奇点状态下的密度（质量除以空间的体积）是无穷大的，引力场的强度也是如此。这种名为宇宙学奇点的状态是所有基于广义相对论的宇宙学理论的特征。此外，史蒂芬·霍金和罗杰·彭罗斯在20世纪60年代证明，如今宇宙中所有粒子的世界线都不可避免地由于空间的坍缩终结于这个奇点。

由苏联物理学家领导的一系列有关宇宙学奇点的数学研究带来了这样一种想法：物质可能诞生于当时引力场的剧烈波动。相关理论没有提出质子和电子等具体类型的粒子产生的细节，因为这些模型根植于广义相对论而非量子力学。已有的大爆炸宇宙学理论根据其空间对称性被分为几类，其中一些在宇宙学奇点附近可以具备高度各向异性的模型被称为"搅拌器宇宙"，这个名字代表了可能随时间发生的剧烈的非各向同性的变化。从 $E = mc^2$ 展开的对能量的简单考虑告诉我们，引力波动似乎为物质的产生提供了免费的能量源。

以上种种理论如今都让位于利用量子引力技术描述时空在普朗克时期（宇宙诞生初期紧接着大爆炸之后的一段时间）的历史的研究。部分研究显示，通过引入一种新的量子"反引力"能够避免宇宙学奇点的出现。另一些研究认为，该事件会被普朗克极限抹平至时空的最小尺度。普朗克极限还对可能的最大密度（$10^{94}\,\mathrm{g/cm^3}$）及温度（$10^{32}\,\mathrm{K}$）做出了限制。

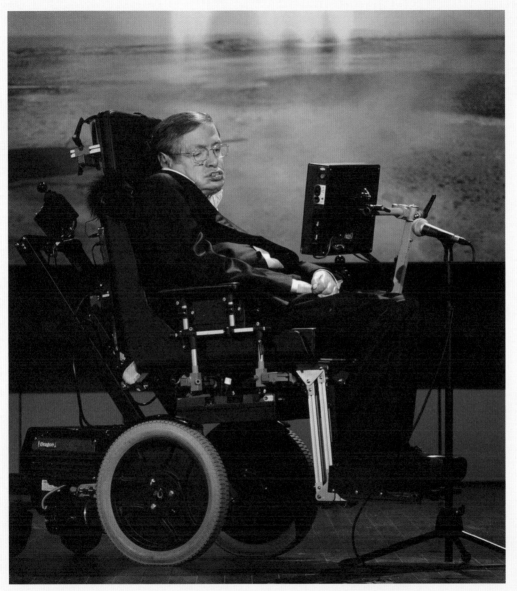

史蒂芬·霍金对世界线的研究极大地拓展了我们有关宇宙学奇点的认知

梅西耶31号天体

薇拉·鲁宾

引力动力学

高红移超新星计划

引力透镜

自转曲线

弗里茨·茨维基

后发星系团

暗能量

缺失的质量

太阳中微子问题

暗物质

宇宙学谜团

WIMPS

加速膨胀

轴子

候选粒子

中性微子

引力微子

卡鲁扎–克莱因粒子

惰性中微子

缺失的质量

除了对星系在银河系外的空间中如何分布进行了深入的测绘研究，科学家还对单个星系及星系团的引力动力学做了各种研究。最早的历史可以追溯到20世纪30年代加州理工学院的天文学家弗里茨·茨维基的研究，后来薇拉·鲁宾于20世纪70年代在华盛顿特区的卡内基研究所进行了后续研究。

后发星系团核心中星系的运动速度过快，照理说无法令星系团保持稳定，必须借助暗物质的存在才能解释

1933年，茨维基研究了后发星系团中的星系，并系统地测量了其中一小部分星系的多普勒速度。他发现它们之间的速度差异超过2 000 km/s。这对于拥有超过800个星系的星系团而言本身并不奇怪，但对这些星系详细计算得出的预测速度差异要小得多，不足100 km/s。茨维基反过来计算了宽100万光年的空间中的800个星系的平均质量，发现缺失了相当于450亿个太阳的质量。他将缺失的这部分称为"暗物质"。

弗里茨·茨维基站
在加利福尼亚州帕
洛马山的施密特望
远镜前，1937年

弗里茨·茨维基

　　茨维基于1898年出生在保加利亚，他在瑞士的苏黎世联邦理工学院学习了数学和理论物理，然后于1925年移居美国，并在加州理工学院与物理学家罗伯特·密立根一起工作。1933年，茨维基首次依据位力定理利用星系团中星系的观测速度为后发星系团"称重"。他将其中"缺失的质量"称为"暗物质"，这是该术语首次出现在宇宙学中。

　　如此大的质量，已然超出基于星系团中恒星正常的光输出得到的估算质量的200倍：它们典型的质光比（M/L）大约为3，而茨维基发现的质光比是800。我们的太阳拥有 2×10^{33}g的质量，光度是 3.8×10^{33}erg/s，因此其质光比约为0.5。为了使在后发星系团中观测到的星系间巨大的速度差异符合星系动力学解释，几乎所有星系都必须带有大量在简单计算发光恒星的质量时没有被计入的光线微弱或不发光的物质。需要如此多的额外质量也会对星系中恒星的运动造成严重影响，它们的运动将非常不同，并且需要高得多的速度才能平衡这些额外的引力效应。

质光比

　　另一种可能性是后发星系团并不稳定，只是众多星系暂时聚集的产物，仅仅能维持数十亿年甚至更短的时间。但茨维基在对其他星系团的研究中也发现了同样的质量缺失问题，况且，从统计学上来讲，我们不太可能生活在一个有如此多星系团"神奇地"聚集在一起的时期。

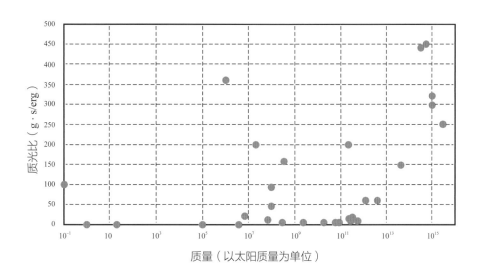

质光比 ▶ 用恒星、星系或星系团的质量除以光度得到的数字。在识别恒星类型并测量其光度后，就可以利用质光比得到它的质量。

薇拉·鲁宾开创
了对星系旋转的
研究

薇拉·鲁宾

薇拉·鲁宾原名薇拉·弗洛伦斯·库珀，于1928年出生于美国费城，随后于1938年随家人移居华盛顿特区。鲁宾没有听从高中科学老师的建议成为一名艺术家，而是选择了追随自己对天文学的热情，进入瓦萨学院学习。她在乔治城大学的博士研究导师是乔治·伽莫夫。作为地磁学系的教员，鲁宾在抚养孩子的同时于家中完成了她的大部分工作。自1963年起，她与杰弗里·伯比奇和玛格丽特·伯比奇夫妇为研究邻近星系的旋转展开了长期合作。鲁宾还发现了宇宙在一亿光年尺度上的各向异性膨胀——这被称为鲁宾–福特效应。除此之外，她也因通过星系旋转发现的大质量暗物质晕而闻名。

旋转的星系

薇拉·鲁宾在单个星系的局域尺度上研究了我们附近几个星系中恒星和星云（如仙女星系中的梅西耶31号天体）的旋转速度，并发现了一个奇怪的现象。如果星系的绝大部分质量都集中于可见的星系盘，牛顿引力理论预测，从星系中光线最密集的核心向外，旋转速度应当先达到最大值再根据开普勒定律平缓下降。然而鲁宾在对星系自转曲线的详细光谱研究中发现，直到可见星系盘的边缘，天体都维持着相当高的轨道速度。

自转曲线 ▶ 星系中恒星的轨道速度与其到星系中心的距离之间的图像关系。

另一方面，射电天文学家一直在研究包括银河系在内的各种旋涡星系中氢气在恒星间的分布，以测量这些氢气的旋转速度。射电望远镜能够探测到氢原子发出的特殊的21厘米谱线，其多普勒位移可以用来探寻星系中远在可见星系盘之外的氢气云的速度。射电天文学家发现，在由恒星构成的发光星系盘之外探测到的氢气云依然具有很高的速度。

这种曲线唯一的简单解释是，整个星系都处于一个不可见的物质晕中，而将这一部分计入后，星系的质光比将超过100——正如弗里茨·茨维基在20世纪30年代的推测。所谓的"暗物质"问题不仅关乎星系团的稳定性，也与单个星系有关。对于星系团而言，如果没有暗物质，星系团中星系的运动速度将无法维持星系团作为宇宙结构的稳定性。对于星系而言，恒星过快的运动速度也使得星系中的恒星质量不足以维系整个系统超过一亿年的时间。

银河系各部分对自转曲线的贡献，展现了暗物质的效应

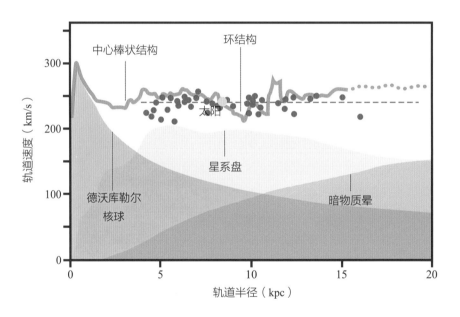

暗物质之谜

自从弗里茨·茨维基和薇拉·鲁宾发现了星系团及单个星系晕中"质量缺失"的问题，宇宙中存在无法通过其发光性质探测的引力物质的想法逐渐成为现代宇宙学最重要同时也最吸引人的谜团之一。天文学家后来发现了更多受暗物质影响的星系团和星系，并排除了包括暗淡的恒星、黑洞以及热星际介质在内的众多可能性。

暗物质 ▶ 占宇宙引力质量中很大一部分的物质，它并不以电子、质子、光子和中微子等已知类型的物质形式存在。

银河系中暗物质潜在分布的概念图

关于宇宙结构演化的超级计算机模型告诉我们，在宇宙学尺度上对这种暗物质有贡献的粒子必须具备特定的性质。太轻的粒子（被称为"热暗物质"或HDM）会冲淡大部分结构，只在现阶段的宇宙中留下很小一部分星系团和超星系团。但如果粒子太重，将形成过多的小尺度结构，也无法重现如今散布在空间各处的星系团。20世纪80年代中期，"大质量弱相互作用粒子"（WIMPS）一词开始流行，天文学家戴维·斯佩格尔和威廉·普雷斯提出，这种粒子或许能同时解决太阳中微子问题（参见第93页的文字框）。

大质量弱相互作用粒子（WIMPS）▶ 被认为是构成暗物质的粒子。

哈勃空间望远镜的这张图像展示了遥远的星系团阿贝尔 1689 中暗物质的推测位置（以蓝色表示）

银河系中的暗物质

借助牛顿引力定律，可以将开普勒第三定律改写成能够"称量"任何拥有轨道卫星的天体的形式：

$$V^2 = \frac{GM}{R}$$

其中 V 是卫星的轨道速度，M 是被环绕的天体的质量，R 则是轨道半径。以围绕银河系中心运动的太阳为例，$R = 27\,000$ 光年（2.6×10^{20} m），G 是牛顿引力常数（$G = 6.67 \times 10^{-11}\,\text{N} \cdot \text{m}^2/\text{kg}^2$），$V$ 则是太阳在轨道中的速度，约为 $220\,\text{km/s}$（$2.2 \times 10^5\,\text{m/s}$）。代入各值并求解 M，我们得到 $M = 1.9 \times 10^{41}\,\text{kg}$。太阳的质量是 $2.0 \times 10^{30}\,\text{kg}$，这意味着银河系在太阳轨道内部的质量约为太阳的 1 000 亿倍。然而，对太阳轨道之外的恒星和邻近星系的详细研究显示，我们的星系具有的质量至少是太阳的 2 万亿倍，其中仅有二十分之一来自太阳轨道内部可见的物质。因此，我们知道银河系带有一个巨大的暗物质晕。

太阳中微子问题

驱动太阳发光的核反应会生成大量中微子，它们在数秒内离开太阳内部，不受与物质之间相互作用的阻碍。在一天中的任意时刻都有数万亿来自太阳的中微子穿过你的身体。物理学家设计了探测器来对这些中微子进行计数，却发现它们的数量远小于我们根据对太阳核心内温度及反应的了解而做出的预测。这在20世纪70年代被称为"太阳中微子问题"。直到1998年，科学家发现中微子会从一种味"振荡"到另一种味，这一问题才得到解决。探测器必须能够与全部三种中微子（电子中微子、μ子中微子和τ子中微子）发生相互作用，否则就无法得到准确的数字。经过修正的估计值符合太阳中微子的预测数量。

宇宙学家更喜欢称其为"冷暗物质"（CDM），因为它的速度必须足够慢（冷）才不会显著改变我们如今在宇宙中看到的大尺度结构的数量，比如超星系团——由星系构成的横跨数亿光年的细丝或薄片状结构。

冷暗物质

子弹星系团（1E–0657–558）向我们展示了如何间接探测暗物质。在第94页的图像中，美国航空航天局的钱德拉X射线天文台发现的两团热气体（图中粉色部分）包含着两个星系团中大部分"普通"（由重子构成的）物质。右边子弹形状的是其中一个星系团中的气体，它在碰撞中从另一个更大的星系团的气体中穿过。来自麦哲伦和哈勃空间望远镜的光学图像以橙色和白色展示了当中的星系。图中的蓝色区域是天文学家在星系团中发现大部分质量的位置。对星系团质量分布的计算借助了所谓的引力透镜效应（来自遥远天体的光线被前景质量所扭曲）。其中的大部分物质（蓝色）与普通物质（粉色）显然是分开的，这为星系团中的物质几乎全都是暗物质提供了直接证据。

子弹星系团

在碰撞中，两个星系团内的气体由于阻力而减速（类似空气阻力的效应）。与之形成对比的是，暗物质并没有因撞击而减速，因为除了引力效应外，它并不与自身或气体发生直接相互作用。因而，两个星系团中的暗物质在碰撞过程中超过了气体，造成我们在图像中看到的暗物质与普通物质的分离。若是如一些替代的引力理论所言，热气体真的是星系团中最重的成分，就不会出现这样的现象。

暗物质和普通物质的分离

子弹星系团为暗
物质的存在提供
了直接证据

暗能量

　　除了对宇宙微波背景的观测以外，其他天文学家团队也在继续进行传统研究：用超新星作为"标准烛光"来研究遥远的星系，以更好地测量哈勃常数。Ia型超新星是双星系统中的白矮星从其伴星处吸积了足够的质量后爆炸形成的。对邻近星系中距离得到精确测量的此类事件的研究发现，这些超新星都会达到一个相对恒定的最大光度。将这一标准光度与在遥远星系中发现的同类超新星的视光度进行对比，就可以确定这些星系的距离。

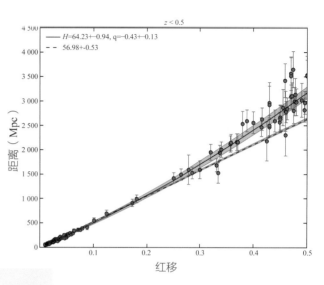

里斯团队观测到的超新星数据显示宇宙的膨胀正在加速

标准烛光

　　天文学家利用视差计算离我们相对较近的恒星的距离：相隔6个月的时间，当地球处于轨道两端时各测量一次，得到恒星的位移量和视角量。对于距离太远无法应用这一技巧的恒星和星系，则需要用到"标准烛光"——亮度已知的恒星。最常用的是造父变星和Ia型超新星。造父变星是光度以固定周期变化的恒星。天文学家亨丽埃塔·斯旺·勒维特发现，造父变星的周期与它们的亮度有关。Ia型超新星是从红矮星伴星处窃取质量并在质量达到临界值时爆炸的白矮星。由于爆炸总是发生在白矮星达到同样的质量时，它们的光度也都相同。只要知道这些恒星的光度，就能算出它们的距离。超新星非常明亮，因此哪怕它们位于遥远的星系中，也可以被观测到。

　　1998年，由亚当·里斯领导的高红移超新星计划和由索尔·珀尔马特领导的超新星宇宙学计划宣布，他们各自对数十个超新星进行的独立研究发现，宇宙自大约50亿年前起就不再以哈勃定律预测的恒定速度膨胀。他们的研究显示，宇宙的膨胀速度事实上正随着其年龄的增长而加快。对位于100亿光年外、名为SN 1997ff的更遥远的超新星的观测并没有显示出任何这种加速的迹象，因此加速一定开始于从50亿到100亿年前的某个时候。

　　从广义相对论的角度考虑，宇宙加速膨胀意味着大爆炸宇宙学方程中确实存在某种类似于爱因斯坦"宇宙学常数"的项。由于宇宙学常数在宇宙中每立方米的空间都具有相同的值（密度），它产生的力也会随空间的扩张而增加。随着宇宙的膨胀，空间的体积增加，这种力也随之变大，并导致宇宙膨胀的加速。

　　基于超新星和宇宙微波背景的两项研究均指向同一种现象，这说明爱因斯坦一开始其实是正确的，但由于某种原因，这种宇宙学常数在大约60亿年前才开始"工作"。

暗能量 ▶ 造成宇宙加速膨胀的成分。

在图中可以看到，当前的暗能量膨胀是最近才开始的。图中每个点代表对单个超新星的观测以及根据其红移推算出的膨胀速度

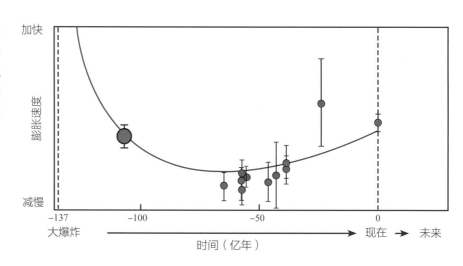

宇宙中黑暗成分的比例

量化黑暗成分在宇宙中地位的另一种方式，是借助有关宇宙膨胀速度（哈勃常数）的详细信息以及观测到的宇宙微波背景（CMB）的属性对整个宇宙"称重"。1989年，美国航空航天局发射了宇宙背景探测器（COBE），它携带的远红外线绝对分光光度计（FIRAS）对宇宙微波背景进行了高精度测量，得到了 2.726 0 ± 0.001 3 K 的温度，而较差微波辐射计（DMR）的测量结果则显示出宇宙微波背景在天空中分布的微小差异（±0.000 001 K）。

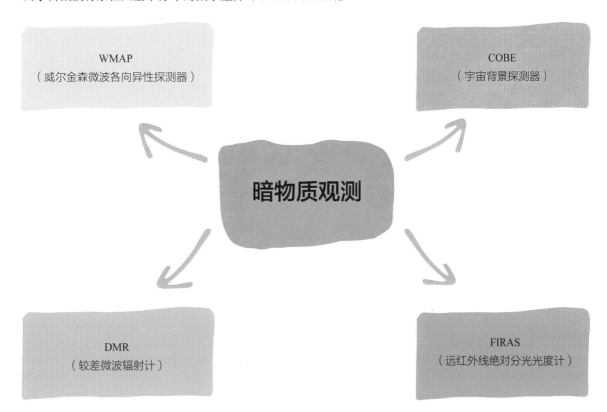

4.5%
原子

22.7%
暗物质

72.8%
暗能量

根据 WMAP 数据得出的宇宙中暗能量、暗物质和普通物质的比例

美国航空航天局后续一项名为威尔金森微波各向异性探测器（WMAP）的任务研究了 COBE 的 DMR 在宇宙微波背景中探测到的差异，并利用它同时得出了宇宙中三种不同的成分——普通重子物质、暗物质和暗能量的比例。天文学家对重子物质已经展开了超过一个世纪的研究，包括发光的恒星、星际气体以及白矮星、中子星和黑洞等简并物质构成的天体。暗物质不太可能是某种普通物质，但其中可能包含重中微子、未知的奇异粒子、大质量弱相互作用粒子（WIMPS）或冷暗物质。

物理学家将爱因斯坦–德西特模型的宇宙学常数 Λ 对应于我们宇宙中的成分称为暗能量。这种新模型被称为 Λ–CDM 模型。WMAP 于 2001 至 2010 年间在宇宙微波背景中观测到的各向异性（宇宙微波背景辐射在整个天空中的微小差异）的模式和强度能够用以下组成解释：4.5% 的普通重子物质、22.7% 的暗物质和 72.8% 的暗能量。

欧洲空间局的普朗克卫星于 2009 至 2013 年间进行的一项后续研究在宇宙微波背景中发现了更小的不规则性，并得出更为精确的结果：4.9% 的普通重子物质、26.8% 的暗物质和 68.3% 的暗能量。

重子物质及暗物质的比例稍有增加，暗能量则略微降低，但宇宙中仍存在大量无法解释的能量和质量。

乔治·斯穆特

斯穆特 1945 年出生于佛罗里达州的育空，他曾就读于麻省理工学院并在 1966 年获得物理学和数学学士学位，而后又在 1970 年取得粒子物理学博士学位。斯穆特在加利福尼亚州的劳伦斯伯克利国家实验室与路易斯·阿尔瓦雷茨合作开发了一种差分辐射计，并利用搭载在一架洛克希德 U–2 侦察机上的仪器非常精准地测量了宇宙微波背景在天空中不同区域的强度。他首次成功地探测到了宇宙微波背景中的偶极效应。那之后，斯穆特提议在卫星上搭载类似的仪器。美国航空航天局接受了这一建议，并在 1989 年发射的 COBE 卫星中加入了较差微波辐射计。斯穆特与约翰·马瑟共同获得了 2006 年的诺贝尔物理学奖。除了编写关于宇宙学的书籍和文章，他还出现在《生活大爆炸》等电视剧和《你比五年级学生聪明吗？》等电视节目中。斯穆特是第二位在《你比五年级学生聪明吗？》中获得 100 万美元奖金的选手。

标准模型中的候选粒子

暗物质到底是什么？大约百分之五的宇宙成分是由质子、中子甚至黑洞组成的物体，它们全都由夸克构成，因此不能被算作暗物质。在此之外，还剩下一种名为中微子的奇特粒子。

大爆炸宇宙学根据原初元素丰度以及质子与中子之比预测，最多存在三代中微子。物理学家已经发现了这些分别名为电子中微子、μ子中微子和τ子中微子的粒子。模型还预言了大爆炸中产生的中微子的数量。如果我们用它乘上单个"宇宙学"中微子的质量，就能得到这些中微子对宇宙整体质量和密度的贡献。

中微子

20世纪70年代，有观点认为中微子能够贡献宇宙质量的很大一部分，从而显著影响着我们生活在其中的宇宙的类型（是开放而无限的还是闭合而有限的）。如果电子中微子、μ子中微子和τ子中微子的质量总和达到12 eV（电子伏特，参见第107页），宇宙中微子背景将有足够的质量令宇宙"闭合"，但对宇宙微波背景的观测结果并不支持这一点。观测到的宇宙大尺度结构对中微子的质量给出了更严格的限制。如果中微子的质量太大，它们将抹去星系团等较小尺度上的结构。有关宇宙结构形成及演化的模型显示，中微子的质量之和不能超过零点几个电子伏特。这也符合从加速器和其他实验中得到的标准模型对三代中微子质量的限制。排除了中微子之后，在当前已知的基本粒子中就没有能够解释暗物质的候选粒子了。如今，重要的问题在于暗物质究竟是什么，以及怎样的物理系统可以解释暗物质的已知性质。

宇宙中微子背景

标准模型之外的粒子

数十年来，物理学家提出了各种用来解释"缺失的质量"和暗物质的候选粒子。其中最有希望的是让标准模型包含超对称性的适度拓展，一些例子包括中性微子、轴子、卡鲁扎-克莱因粒子和惰性中微子（详见第134~135页）。

对广义相对论的修正

对暗物质问题还有一种解释：我们用来发展大爆炸宇宙学的引力方程或许并不完善。物理学家莫尔德艾·米尔格龙在1983年提出，可以对广义相对论稍做修改，得到所谓的牛顿动力学修正理论（MOND）。在很远的距离上，环绕星系的恒星受到的引力不再遵循平方反比定律，而是以 $1/r$ 的形式改变，其中 r 是恒星到星系质心的距离。这会在作为广义相对论弱场极限的牛顿万有引力定律中加入一个新的与加速度相关的项。尽管这个项在经过调整后可以解释星系的暗物质晕，但它并不适用于星系团和宇宙中更大尺度的结构。此外，牛顿动力学修正理论不能在所有尺度上完全消除对暗物质的需求，因此对于它能否作为暗物质的替代解释，学界尚存争议。

除了没能解释对广义相对论和宇宙学的已知检验结果，牛顿动力学修正理论更受批评的一点是，它不能为所有观测者给出具有正确相对论性的理论。相对论不变性（协变性）的意思是，无论其运动状态如何，宇宙中所有观测者观测到的自然规律都是一样的。然而，在牛顿动力学修正理论中却显然不是这样，因为被加入广义相对论方程中以解释暗物质的部分无法以相对论语言表述。由于这些修正依赖于加速度，它们违背了等效原理，令物体的引力质量与惯性质量不再相等，而协变性恰恰是广义相对论的基石。

于2015到2016年发现的引力波排除了多种版本的牛顿动力学修正理论，这强烈暗示着它们对广义相对论进行的简单修正并不能解决暗物质问题。

右页：以色列物理学家莫尔德艾·米尔格龙
在所谓的"牛顿动力学修正理论"中找到了
暗物质问题的一种潜在解决方案

第六章
什么是物质?

宇宙的基本组分—费米子和物质结构—量子力学—轻子—夸克—量子场论—电磁相互作用—维尔纳·海森堡—强相互作用—弱相互作用—标准模型—对称性破缺—希格斯玻色子

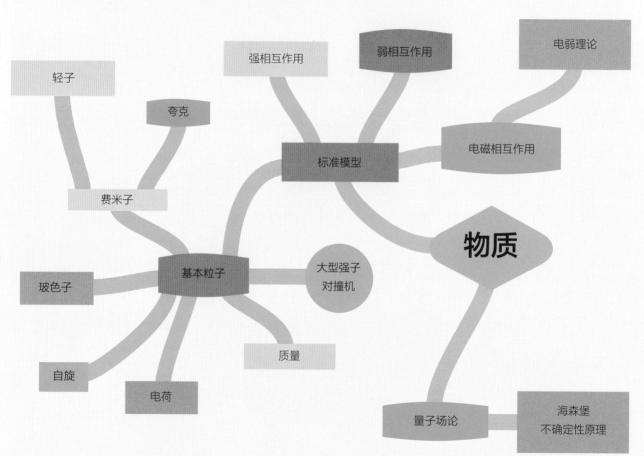

宇宙的基本组分

　　宇宙学研究涵盖宇宙所有成分的起源、演化及未来。在相对论革命后,空间和时间也被包含在内。不过其中最确切的成分是构成恒星、星系乃至你我的物质。现代宇宙学所面对的最本质的问题之一是:我们要如何解释物质的起源及其性质和相互作用?为此,我们需要深入研究有关原子及其构成的知识——这一领域名为核物理学。

牛顿以运动定律和万有引力
定律闻名

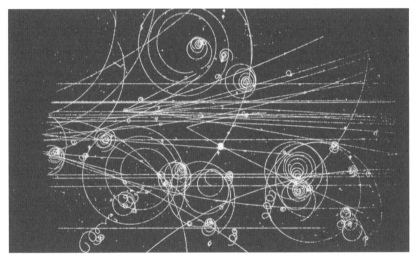

基本粒子在粒子对撞机中的轨迹

　　核物理学的历史以及发现自然界基本力的经过,同引领着天文学从开普勒和牛顿的基本思想发展至如今充满细节的理论的整个过程一样深刻而复杂。能够将构成物质的基本粒子打散的"原子粉碎机"(粒子对撞机)等技术的出现大大加快了物理学的发展,并令我们得以量化各种通过这些粒子作用的力。

费米子和物质结构

我们熟悉的元素周期表列出了构成所有常见物质的基本元素。简单地说，它包含了所有由质子和中子（质子和中子构成了原子核）以及电子（电子围绕原子核运动）组成的稳定（和不稳定）物质形式。例如，水分子由一个氧原子和两个氢原子组成。对于其分子结构如何维持的经典解释是，每个氢原子外层有一个受"电磁力"束缚的电子，而氧原子不完整的外层恰好缺少两个电子，从而使它能够共享来自氢原子的两个电子。相互作用中的"残余电磁力"维系着水分子的结构。

在20世纪60年代之前，这就是我们对构成所有物质的基本单元所知的极限。后来，物理学家发现，在原子结构背后隐藏着一系列更为基础的基本粒子和力。一方面有一小组构成物质世界的粒子，另一方面则有单独的一组负责在它们之间产生力的粒子。

重子 ▶ 质量大于等于质子的亚原子粒子。重子是由夸克构成的强子家族的一员。

粒子汤

——识别出构成所有物质的基本粒子是一项烦琐的工程。最初，J. J. 汤姆孙在1897年发现了电子，并凭借这项工作获得了1906年的诺贝尔奖。时至今日，识别基本粒子的工作尚未全部完成。2000年，由54位物理学家组成的团队利用费米实验室的加速器发现了最后一种物质粒子——τ子中微子，但物理学家认为还可能存在未被发现的其他基本粒子。如今，物理学家对构成所有我们熟悉的物质形式的已知基本粒子都进行了高精度研究，并确定了它们的性质。

对基本物质粒子的搜索从 J. J. 汤姆孙于1897年发现电子开始，直到2000年才完成

量子力学

前文提到，经典物理学在炮弹和星系的尺度上描述自然。而量子力学则涉及原子和亚原子粒子所处的最小尺度。它借助量子化能量、波粒二象性、不确定性原理以及对应原理等概念对亚原子粒子的运动和相互作用做出数学描述。（本书其他部分会对这些概念做出更详细的解释。）

量子力学带来的一个重大发现是，除了电荷和质量，还可以通过"自旋"描述基本粒子。 **粒子的自旋** 自旋是物质的内禀性质，不存在非量子世界中的类比，粗略来说，它代表着粒子某种类似于旋转的属性。

> **量子 ▶** 离散的亚原子能量包。它是粒子相互作用能够涉及的最小能量。

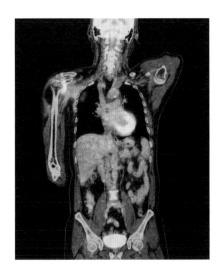

正电子发射断层扫描（PET）展现了反物质的相关知识对现代技术的影响

为了解释与构成物质的粒子有关的各种现象，包括原子形成的特定波长的谱线（参考第23~24页关于光谱学的内容），这些基本粒子的自旋只能以1/2为单位。这会带来一系列相关现象。例如，同一个量子态中最多只能有两个电子，其中一个带有正（＋）1/2单位的自旋，另一个带有负（－）1/2单位的自旋。恩里科·费米与保罗·狄拉克对这些粒子服从的统计学规律做出了描述。如今我们称所有物质粒子为费米子（得名于费米）。保罗·狄拉克于1928年预言了反物质（参见第131页）的存在。1932年，卡尔·安德森发现了电子的反粒子，从而证实了狄拉克的预言。这种粒子被称为"正电子"。 **正电子** 它的自旋及质量与电子相同，但与带有一个负电荷的电子不同的是，正电子带有一个正电荷。如果一个粒子与其反粒子接触，二者将即刻湮灭并产生大量能量——能量大小遵循爱因斯坦著名的 $E = mc^2$ 的关系。每种费米子都有相应的反粒了，这样一来基本物质粒子的数量就翻了一番。费米子分为两个家族：轻子和夸克。

粒子汤

如果我能记住所有这些粒子的名字，我就去当植物学家了。

——物理学家恩里科·费米

自旋 ▶ 基本粒子的一种类似于旋转运动（内禀角动量）的性质，它赋予了宏观分子磁场及电荷。需要注意的是，这种类比并不完美，因为粒子实际上并没有旋转。

轻子

在名为轻子的基本粒子中，我们唯一熟悉的是电子。每个电子都通过涉及放射性衰变的现象与各自的中微子联系在一起。但截至1995年，物理学家又发现了两代新的粒子：电子更重的姊妹μ子和τ子。和电子一样，这两种粒子也有各自对应的中微子，因此电子所属的粒子家族一共有6个成员，统称为"轻子"。中微子是一种只与物质产生非常微弱的相互作用的奇怪粒子，它可以轻松穿过一光年的物质而不被吸收。起初，物理学家认为中微子不具备任何质量，但在日本超级神冈探测器于1998年探测到"中微子振荡"后，物理学家认识到，它们其实携带非常小的质量——三种中微子的质量之和还不到一个电子伏特。

轻子 ▶ 带有单位电荷的基本粒子，只受电磁力、引力和弱力（而非强力）影响。轻子包括电子、μ子、τ子、中微子以及它们的反粒子。

电子伏特

　　粒子的质量可以以千克为单位来表示，但这样表示往往很烦琐，因此，物理学家更喜欢利用 $E = mc^2$ 得到 E/c^2 形式的质量，其中 E 的单位是电子伏特（eV）。若要进一步简化质量单位，还可以取 $c = 1$ 并使用百万电子伏特（MeV）或十亿电子伏特（GeV）为单位来描述粒子的质量：

- 电子的质量约为 0.5 MeV。
- μ子的质量在其两百倍以上，约为 105 MeV。
- τ子的质量是电子的 3 600 倍，约为 1.8 GeV。

夸克

　　名为"夸克"的第二个费米子家族更为奇特。物理学家在为新粒子命名时并不是很有想象力，不像天文学家会在命名行星时仔细考虑各种可能性。默里·盖尔曼最初提议了毫无意义的"阔克"一词，但他后来在詹姆斯·乔伊斯的《芬尼根的守灵夜》中发现了一句"向麦克老人三呼夸克"，并据此定下了如今的这个名称。

　　1964年，美国物理学家默里·盖尔曼和俄裔美国物理学家乔治·茨威格分别独立提出了粒子的夸克模型。理论的基本思想是，质子、中子和20世纪60年代其他已知的大质量粒子并非最基本的粒子形式，而是由名为上夸克（u）和下夸克（d）的更小的粒子组成。通过对上下夸克的正确组合，可以得到质子（uud）、中子（udd）以及其他在粒子加速器实验中发现的大质量粒子，例如电中性的π介子（u和反u）。随着越来越多的大质量粒子的发现，奇夸克、粲夸克、顶夸克和底夸克也加入夸克家族。其中最晚被发现的是1995年的底夸克。

夸克的组合

夸克 ▶ 相互结合形成强子等复合粒子的基本粒子。夸克有6种类型：上夸克、下夸克、顶夸克、底夸克、奇夸克和粲夸克。它们各自都有对应的反粒子。

夸克	符号	自旋	电荷	重子数	奇异数	粲数	底数	顶数	质量
上夸克	u	1/2	+2/3	1/3	0	0	0	0	约2.3 MeV
下夸克	d	1/2	−1/3	1/3	0	0	0	0	约4.8 MeV
粲夸克	c	1/2	+2/3	1/3	0	+1	0	0	约1.29 GeV
奇夸克	s	1/2	−1/3	1/3	−1	0	0	0	约95 MeV
顶夸克	t	1/2	+2/3	1/3	0	0	0	+1	173 GeV
底夸克	b	1/2	−1/3	1/3	0	0	−1	0	4.18 GeV(MS) 4.65 GeV(1S)

强子 ▶ 参与强相互作用的亚原子粒子，例如重子和介子。

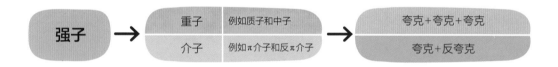

介子 ▶ 由一个夸克和一个反夸克组成的亚原子粒子，质量介于电子和中子之间。

　　截至2018年，物理学家相信这个由6个夸克和6个轻子（以及它们的12个反粒子）组成的列表是完整的，这些基本粒子构成了描述在高至13 TeV的碰撞中能够形成的物质状态的基础。正如元素周期表囊括了物质所有与化学及核物理有关的状态，这份包含24个基本费米子的列表能够描述包括恒星内部通过热核聚变产生能量在内的所有已知天文学现象的产物，甚至可以解释超新星爆发并形成高密度遗迹的原因。

只描述费米子性质的物质理论无法解释这些粒子如何在时空中发生相互作用。相互作用是由力引起的，但只需要除了引力之外的3种力就足以描述所有可能的相互作用。这些力的产生要归功于独立于基本费米子但又与其息息相关的另一组粒子。不过，为解释其工作原理，我们首先需要熟悉"量子场论"这一关于力和物质的强大理论。

玻色子			载力子 自旋 = 0，1，2，…		
电弱力 自旋=1			强力（色力）自旋=1		
名称	质量	电荷	名称	质量	电荷
光子	0	0	胶子	0	0
W^-	80.4 GeV	−1			
W^+	80.4 GeV	+1			
Z^0	91.2 GeV	0			

量子场论

所有基本费米子周围都有场的存在。与电子有关的是电场，对夸克而言则是胶子场。不过这些场事实上由无数粒子组成，根据海森堡不确定性原理，它们无法被直接探测或观察到。构成它们的粒子被称为虚粒子，因为其存在是"虚拟的"。对这种费米子场量子的交换产生了三种基本力，而所有这些载力子都携带恰好一个单位的量子自旋。自旋为整数的粒子（0，1，2……）服从印度理论物理学家萨特延德拉·纳特·玻色与阿尔伯特·爱因斯坦提出的玻色–爱因斯坦统计，被称为"玻色子"。

玻色子 ▶ 自旋为零或其他整数的亚原子粒子，如光子。

理查德·费曼帮助开创了量子电动力学领域的研究

美国物理学家，与朱利安·施温格和朝永振一郎在20世纪40年代末共同建立了量子电动力学。费曼开发了许多能够快速计算电子与光子间相互作用概率的数学技术，包括对相互作用过程的图像表示（费曼图）以及对粒子历史求和从而得到所有可能的量子结果总和的方法。费曼关于寻找"万有理论"的哲学观点使他与发展弦论的物理学家发生了许多争论，他指责后者鼓吹的理论不切实际，背离了物理学作为实证科学的坚实基础。在于1988年去世之前，费曼协助美国航空航天局发现了1986年挑战者号航天飞机失事的原因。

电磁相互作用

电磁力（或电磁相互作用）通过虚光子传播。被电磁场中的虚光子环绕的粒子会感受到虚光子被交换时产生的静电力。这种被称为虚过程的交换可能会非常复杂。最简单的是单个虚光子的交换。在第二简单的情况下，被释放的虚光子会突然形成一个电子–正电子对，后者随即再次衰变为一个虚光子。20世纪40年代后期发展的被称为量子电动力学（QED）的数学技术以费曼图的形式描述这些过程。费曼图提供了一种表示虚过程基本要素的图像化手段，尽管它并非实际情况的"相片"。事实上，物理学家对基本粒子的外观一无所知，他们甚至不知道试图以某种"可视"方式来描述它们是否有任何意义。

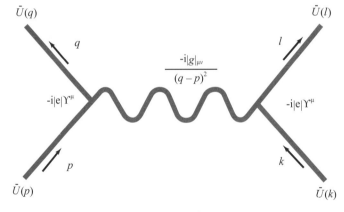

电子通过交换单个光子发生相互作用的费曼图

量子电动力学 ▶ 将量子力学与狭义相对论相统一，以解释光和物质之间的相互作用的场论。

海森堡不确定性原理

德国物理学家维尔纳·海森堡提出的不确定性原理指出，我们不可能同时知晓某个物体的位置和速度。该原理由以下公式表达：

$$\Delta E \Delta T \geqslant h/4\pi$$

它告诉我们，量子力学限制了在给定时间（ΔT）之内对量子过程中能量测量的精度（ΔE）。不确定性原理的极限由普朗克常数的值 $h = 4.1 \times 10^{-15} \text{eV} \cdot \text{s}$ 确定。这意味着，某些看似违背能量守恒的现象可以发生，前提是其持续时间不超过特定长度。例如，一个电子的质量是 510 000 eV，因此在产生一个电子和一个正电子的虚过程中该电子–正电子对的总能量是 1.02 MeV。将这个能量代入不确定性原理公式，得到 $\Delta T \geqslant 2.9 \times 10^{-22} \text{s}$。这表明即使空间中空无一物，电子–正电子对也可以短暂地出现，只要它们在消失前存在的时间不超过 0.000 000 000 000 000 000 000 29 秒（2.9×10^{-22} s）。虚光子携带能量，在被费米子释放后，它们必须在该时间限制内被另一个费米子吸收。量子场论中的电磁相互作用正是源自这样的过程，其中虚光子是力的媒介。

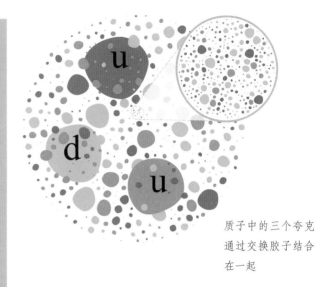

质子中的三个夸克通过交换胶子结合在一起

维尔纳·海森堡

德国物理学家维尔纳·海森堡是现代量子力学的奠基者之一。他1925年发表了有关矩阵力学的工作，在那个人们对物质结构尚不了解的时代，这篇论文成为描述原子中电子运动的关键论文之一。在研究中，海森堡发现了对所谓的共轭变量（例如动量与位置，或时间与能量）同时进行测量时存在一个精度上的极限，这就是海森堡不确定性原理。矩阵力学以一组数字表示对原子系统任意测量的结果，包含电子从一个态跃迁至另一个态的概率。理论还显示，电子在跃迁过程中根本不存在，直到改变发生的那一刻，电子才获得了可观测性质。

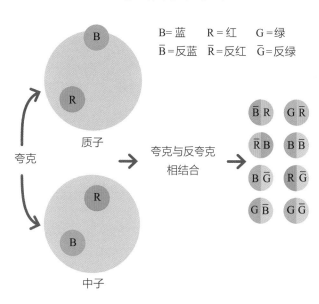

强相互作用

以胶子为媒介的8种组合

B= 蓝　　R = 红　　G =绿

$\bar{B}$=反蓝　$\bar{R}$ =反红　$\bar{G}$ =反绿

质子

夸克

中子

夸克与反夸克相结合

强相互作用

夸克只能被限制在质子和中子内部。这是因为夸克之间会交换名为"胶子"的粒子。和光子一样，胶子带有恰好一个单位的量子自旋。然而，由于夸克带有一种全新的"色荷"（三种色荷分别被称作红、蓝、绿，但它们与日常生活中的颜色并无关系），胶子的色荷也必须与其相对应。这样一来，一共有8种可能的组合，如红+反蓝或蓝+反绿等。（这种借助胶子传播的力在夸克模型出现之前被叫作π介子核相互作用。当时物理学家认为π介子是强相互作用中被交换的载力子。）随着夸克模型的出现，物理学家认识到π介子是由特定类型的夸克及反夸克组成的复合粒子，而强相互作用则通过交换更为基本的胶子传播。

胶子只有8种，因为夸克模型建立在名为SU(3)的对称性上。不需要第9种胶子的原因在于，它即使存在也会是无色的，从而不参与强相互作用

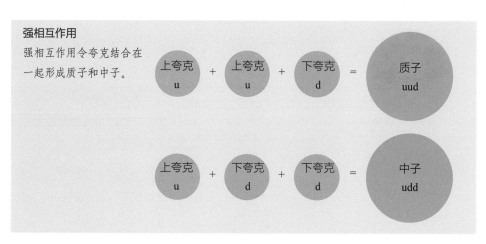

强相互作用

强相互作用令夸克结合在一起形成质子和中子。

上夸克 u ＋ 上夸克 u ＋ 下夸克 d ＝ 质子 uud

上夸克 u ＋ 下夸克 d ＋ 下夸克 d ＝ 中子 udd

> 强力（强相互作用）▶ 支配所有物质的四种基本力之一。它令夸克结合在一起形成重子（如质子和中子）等复合粒子。

电磁相互作用与强相互作用的对比

粒子	电荷	色荷	发生相互作用的对象
电子	–1	–	光子
电子中微子	0	–	–
上夸克	+2/3	红、绿、蓝	光子、胶子
下夸克	–1/3	红、绿、蓝	光子、胶子
光子	0	–	–
胶子	0	色+反色	胶子

弱相互作用

　　我们知道一些粒子会随时间自发衰变，例如中子会在约881秒内衰变为一个质子（带正电）、一个电子（带负电）和一个电子反中微子。这一衰变过程由第三种名为"弱核力"的力描述。与只通过一种零质量光子传播的电磁力和以8种不具备质量的胶子为媒介的强力不同，弱力的载力子是三种分别名为W^+、W^-和Z^0的"中间矢量玻色子"。与其姊妹粒子类似，这些矢量玻色子的自旋也为1，但它们非常重。W^+及W^-玻色子的质量均为80 GeV，Z^0玻色子的质量则约为91 GeV，几乎相当于锶元素整个原子核的质量。极重的质量导致以这些矢量玻色子为媒介的弱核力的作用范围非常小，这也是它明显弱于强核力的原因。

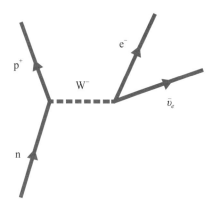

借助W^-玻色子在弱相互作用中衰变的中子

弱相互作用 ▶ 支配所有物质的四种基本力之一，在亚原子粒子间的短距离上有效。它是导致放射性衰变的原因。在弱相互作用中，粒子可能消失或重现。

β^- 衰变：中子→质子+电子+电子反中微子

β^+ 衰变：质子→中子+正电子+电子中微子

标准模型

12个基本费米子和12个基本玻色子（1个光子、3个矢量玻色子和8个胶子）构成了基本物质粒子及其载力子的集合。20世纪40年代以来发展的数学技术让我们能够精确描述基本粒子在各类物理过程中发生的具体相互作用。处理电磁力，我们利用量子电动力学（QED）提供的工具；对于强相互作用，则要用到量子色动力学（QCD）。20世纪50年代末60年代初，在理论物理学家完善弱相互作用理论的细节时，一个名为"对称性破缺"的独特概念出现在了他们的视野中。

量子电动力学

构成标准模型的费米子和玻色子

量子色动力学 ▶ 将强相互作用描述为夸克间以胶子为媒介的相互作用的量子场论。夸克和胶子均被赋予名为"色荷"的量子数。

对称性破缺

之前，物理学家就注意到了自然界中各种对称性起到的作用。1915年，德国物理学家埃米·诺特在处理一个广义相对论难题时发现了以下关系：简单来说，如果某个过程经过时间上的移动后看起来还相同，就代表在这个过程中能量是守恒的；如果经过空间上的位移而不变，则意味着动量守恒。

埃米·诺特

诺特在1882年出生于德国埃朗根，并于1907年获得了埃朗根大学的数学博士学位。作为一名女性，她在埃朗根大学做了7年的无薪工作。之后在1915年，诺特受费利克斯·克莱因和大卫·希尔伯特之邀加入哥廷根大学数学系。1919至1933年间，诺特凭借出色的代数水平得到认可，她发展了环和场的概念，并提出，物理学中的守恒定律与其背后暗藏的对称性相关。这一发现后来被称为诺特定理，成为20世纪40年代以来绝大多数现代理论物理学工作的基础。

埃米·诺特发现了守恒量
与对称性之间的关系

　　1964年，英国理论物理学家彼得·希格斯以及比利时理论物理学家弗朗索瓦·恩格勒和罗伯特·布鲁分别发现，以强力、弱力和电磁力为例的数学理论中的对称性可以通过引入一种新的粒子（或场）被破坏。物理学家史蒂文·温伯格、谢尔登·格拉肖和阿卜杜勒·萨拉姆在20世纪60年代后期根据这一想法提出了一个将电磁相互作用和弱相互作用的数学框架与对称性破缺相结合的理论（被称为"电弱理论"），并因此获得了1979年的诺贝尔奖。

彼得·希格斯获得了2013年的诺贝尔物理学奖

电弱理论提出，电磁相互作用和弱相互作用均以零质量的玻色子（光子、W^+、W^- 和 Z^0）为媒介。然而，在理论中，连费米子（电子和夸克）都不具备质量。在这样的条件下，玻色子的相互作用之间存在精确的对称性。这意味着电磁力和弱力的强度看上去是相同的。

电弱理论

希格斯玻色子

还有一种名为"希格斯玻色子"的自旋为零的新粒子，除了物质粒子本身，它也与弱力和电磁力的载力子发生相互作用。在极高的能量下，希格斯玻色子起初不具备质量，因此高能下的费米子和玻色子维持着零质量，它们的相互作用也保有对称性。然而，随着相互作用能量的降低，希格斯玻色子通过与自身的相互作用得到质量。在希格斯玻色子质量增加的同时，费米子和玻色子的质量也在增加。与希格斯玻色子之间相互作用最强的粒子（W 和 Z^0 玻色子）获得的质量最多，而相互作用较弱的粒子只得到了很少质量（中微子），甚至完全没有得到质量（光子、胶子）。这种破坏粒子相互作用对称性的机制被称为自发对称性破缺（SSB），上文提到的特定过程名为"希格斯机制"。

希格斯玻色子

希格斯机制

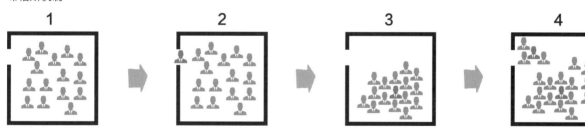

1.希格斯场可以被看作空间中某种类似于糖浆的黏性物质。比如，想象一个人满为患的房间。

2.一位电影明星进入房间与人们握手并签名，但这会减慢她的运动。

3.她发现自己很难自由移动，就像突然变重了一样，或者说房间内的人群像黏稠的糖浆一样阻碍着她的运动。

4.一位没有名气的演员进入房间，吸引的粉丝较少，因此感受到的黏性和"增加的重量"都没那么多。

直到2012年，欧洲核子研究中心（CERN）的大型强子对撞机才真正探测到了希格斯玻色子。在物理学家眼中，包含24个费米子和玻色子以及第25个电中性希格斯玻色子的标准模型如今终于完整了。其核心是25个固定的基本费米子和玻色子，以及两套用来进行必要计算的数学体系——量子色动力学和电弱理论。根据大型强子对撞机在截至2018年的最高运行能量以内的实验结果，标准模型对所有已知相互作用的预言均被证明是极为准确的。

史蒂文·温伯格与谢尔登·格拉肖和阿卜杜勒·萨拉姆一起发展了电弱理论

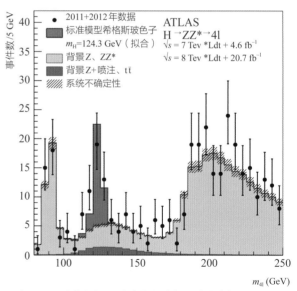

大型强子对撞机探测到希格斯玻色子时的数据

大型强子对撞机内
部的超环面仪器
(ATLAS)

大型强子对撞机

　　大型强子对撞机(LHC)是世界上最大也是性能最强大的粒子加速器。它由欧洲核子研究中心与来自超过100个国家的合作团队于1998至2008年间在瑞士日内瓦附近建造,耗资40亿美元。详细描述这台周长长达27千米的巨大对撞机,用到的溢美之词可能会占到一整篇论文的篇幅。在其由磁场约束的环形系统内,质子以相反方向运动,并在数个沿圆周分布的特定点相撞。这些撞击点处设置了巨大的探测器系统,用来追踪并分类所有的碰撞及其产物,以备后续研究。探测器每秒钟会记录下超过10亿次碰撞,需要超级计算机网络才能以足够快的速度收集所有数据。截至2018年,大型强子对撞机实现的最高碰撞能量是13万亿电子伏特(13 TeV)。它每年需要10亿美元的电力驱动并消耗大量液氦以维持运行。据估计,2012年发现希格斯玻色子背后的实验成本高达130亿美元。

检验标准模型

借助描述各种力和粒子性质的强大数学技术，再加上超级计算机与先进的粒子加速器（例如大型强子对撞机和费米实验室），标准模型能够给出数十个有关特定类型的相互作用和粒子衰变的基本预测，它们可以在高精度上被检验。

将6种夸克与6种反夸克简单地两两结合，可能产生的粒子（介子）数量正好是36个。截至2017年，物理学家只探测到了其中26种介子。而对于更重的包含3个夸克的重子，夸克模型预言了75个由全部6种夸克组合而成的粒子。其中有31种尚未被探测到，包括最轻的 Ξ_{cc}^{++}（ucc）和 Σ_b^0（udb），以及最重的 Ω_{cbb}^0（cbb）和 Ω_{bbb}^-（bbb）。除此之外，标准模型还允许其他由超过3个夸克组合而成的"奇异重子"存在。

"胶球"是标准模型最独特且最关键的预言之一，物理学家对这些粒子态的搜索已经持续了数十年，它们混杂在世界各地的现代粒子加速器实验室不断产生的数万亿个粒子之间。胶球的预计寿命并不长。它们不带电荷，是完全电中性的粒子。理论推测，存在15种基本的胶球类型，每一个类型各自拥有不同的角动量和被物理学家称作"宇称"的性质。截至2015年，$f_0(1500)$ 和 $f_0(1710)$ 成为胶球主要的候选粒子，其中 $f_0(1710)$ 与实验观测及预测质量最相符。

标准模型及其由6种夸克构成的模型对有待发现的新的重子和介子态做出了具体预言。总而言之，还有44种普通的重子和介子等待着物理学家的发现！

位于伊利诺伊州芝加哥附近的费米实验室粒子加速器，被用于精确检验有关粒子相互作用的预言

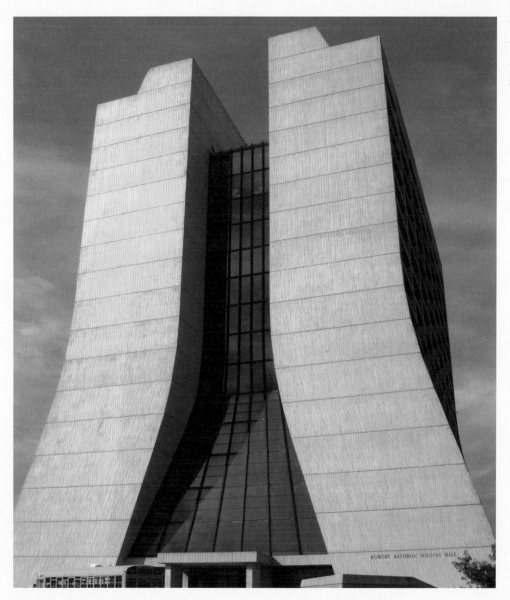

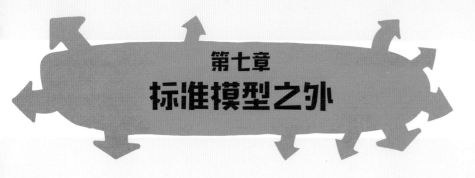

第七章
标准模型之外

统一场论—数学中的对称性—物理学中的对称性—大统一理论—超对称—物质和反物质—Λb⁰及其反粒子—粒子荒漠—标准模型之外的粒子

统一场论—数学中的对称性—物理学中的对称性—大统一理论—超对称—物质和反物质—Λb^0及其反粒子—粒子荒漠—标准模型之外的粒子

拉格朗日方程

统一场论

粒子荒漠

超对称

标准模型之外的理论

大统一理论

超对称粒子

SU(3)、SU(2)及U(1)

费米子和玻色子

最小超对称标准模型

有限结果

中性微子

希格斯玻色子

统一场论

在1915年爱因斯坦完善其广义相对论时，包括他在内的很多物理学家都认识到宇宙中存在两种强大的力：引力和电磁力。二者的作用范围都很广（甚至可能是无限的），并在两种截然不同的数学框架下分别得到了详细描述。一方面，麦克斯韦方程组及其引入狭义相对论的扩展理论描述了电磁场和电磁力。另一方面，爱因斯坦新提出的广义相对论将引力描述为另一种场。爱因斯坦大半生都在试图构造一个数学理论：一个能够将引力和电磁效应解释为自然界中某种新的场的不同形式的"统一场论"。他向来不喜欢量子力学工具，因此并没有得到期望的结果。与此同时，描述强力、弱力及电磁力的量子场论的数学语言逐渐发展出了一个成熟的体系，统一了引力以外的三种力。这些富有成效的理论的核心思想涉及对称性概念，这一概念帮助物理学家在各种力之间找到了数学上的相似性。

数学中的对称性

将一个没有特征的普通立方体在水平面上旋转90度，它的每一面看起来都是相同的。这被称作旋转不变性或旋转对称性。能够让立方体在经过旋转后保持原状的操作一共有24种。由于这24种旋转可以叠加，而且叠加而成的操作也在这24种之中，它们构成了一个"旋转群"。我们说由这24个操作构成的群保持了立方体的对称性，数学家称其为八面体对称群 O_h。在晶体学中，矿物晶体复杂但规则的形状可以被分为32个可能的对称群。

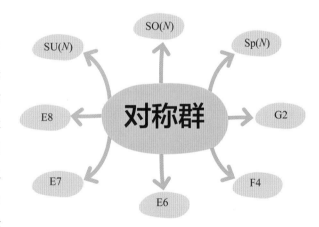

数学家埃利·嘉当很早就将所有可能的"简单"对称群系统地分为8类：SU(N)、SO(N)、Sp(N)、G2、F4、E6、E7和E8，其中最小的是只包含一个对称操作的2阶特殊酉群SU(2)，E8则有248个操作

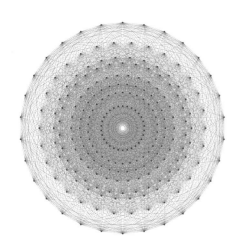

图中展示了 E8 群内各对称性操作之间的关系

物理学中的对称性

物理学中粒子相互作用的性质可以用一个名为拉格朗日量的复杂式子表达，它描述了粒子和场之间所有可能的相互作用。拉格朗日量用数学语言来表达，就是相互作用系统的动能与势能之差：第一项是场的动量在时间上的变化的平方，就像动能是粒子速度的平方一样；第二项是场与自身及标准模型中其他场发生相互作用产生的势能。

拉格朗日量

我们在学校的物理课中学到过，位于地球表面的封闭系统的总能量是其动能 $1/2mv^2$ 与引力势能 $V(h) = mgh$ 之和，但拉格朗日量是两者之差，表示如下：

$$L = 1/2 \, mv^2 - V(h)$$

在上一章介绍过的量子场论中，上面的能量公式被一个更复杂的公式所取代，以最简单的质量为零的标量场 ϕ 为例：

$$L = -1/2 \, \partial_\mu \phi^* \partial_\nu \phi \eta^{\mu\nu} - V(\phi^* \phi)$$

为完整描述已知的有关物质和力的各种场，我们需要考虑更复杂的包含每一部分贡献的拉格朗日量，但在加入这些项时必须保证所有力和粒子已知的对称性不受影响。寻找统一场论或"大统一理论"的工作在很大程度上，就是对需要将什么样的项以何种方式加入系统拉格朗日量的研究。

标量▶ 物理学中只有大小而不具备其他特性的量，例如10千克、20厘米等。

标量场▶ 被赋予给定空间中每一点的标量，例如宇宙的背景温度。

对称性▶ 系统在某种变换后保持不变的性质。了解保持不变的部分有助于识别系统中的守恒量，如能量、动量、电荷等。

如果将拉格朗日量中代表时间的变量 $+t$ 换成 $-t$ 后能够得到完全相同的物理过程，就意味着能量是守恒的，而拉格朗日量具有时间上的对称性。同样，如果通过将空间变量 $+x$ 换成 $-x$ 在空间上移动物理过程，而新的过程与之前无法分辨，该过程中的动量就是守恒的。1919年，埃米·诺特发现了对称性与守恒量之间的这种密切联系。诺特定理被认为是指导现代物理学发展的最重要的数学定理之一，尤其是关于如何在拉格朗日量中加入保持自然界物理对称性的项。将各种场胡乱地拼凑在一起是不可行的，因为得出的结果可能会违背众所周知的守恒定律。

以数学语言表述，引力之外的三种力遵循如下对称性：

• 电磁相互作用——1阶酉群U(1)

• 弱相互作用——2阶特殊酉群SU(2)

• 强相互作用——3阶特殊酉群SU(3)

2阶特殊酉群包含 $2^2 - 1 = 3$ 个初等运算。

3阶特殊酉群包含 $3^2 - 1 = 8$ 个初等运算。

这 8 + 3 个运算可以与8个胶子和3个中间矢量玻色子联系起来，这些粒子如今被称为对称群的规范玻色子。比如，在基于3种色荷（红、绿和蓝）的强相互作用中，为了使夸克的拉格朗日量遵守与色荷相关的8种可能操作包含的SU(3)对称性，必须在当中加入一个新的保持这种对称性的场（这意味着需要加入额外的项）。它是由现实中的8种胶子产生的。对称群可以被包含在"统一"了它们的更大的对称群中，就像俄罗斯套娃一样。

大统一理论

20世纪70年代，对称群的概念彻底渗透至理论物理学的方方面面，但其他（包括天体物理学等相关领域的）科学家发现这种数学语言相当难以掌握。无论如何，对"终极对称性"的寻找在这10年间取得了巨大进展（理论物理学家最终统一了三种力）。必须满足的一些基本原则是：

有关自然界各种力的统一理论必然包含在成功构建现有理论时用到过的已知对称性——电磁力的U(1)、弱力的SU(2)，和强力的SU(3)。

新的对称群必须包含观测到的特定费米子及玻色子家族中已知的粒子类型。任何额外的粒子都必须满足已经探索过的能量范围中严格的实验限制。新的对称群还必须在计算特定过程是否会发生时具有良好的数学性质。计算结果必须是有限的。

需要找到足够大的对称群，以满足以下条件：

• 容纳标准模型。

• 在低能量下重现电弱对称性破缺。

• 在高能量时得到唯一的相互作用强度，且同时包含已知的粒子家族。

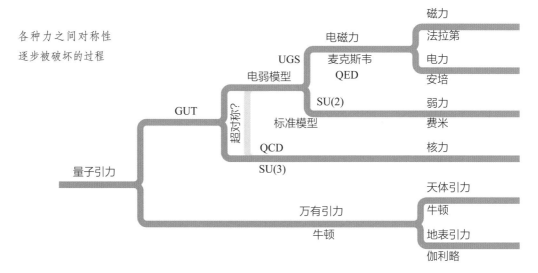

各种力之间对称性逐步被破坏的过程

寻找正确的拉格朗日量往往是一项艰巨而烦琐且常常需要"试错"的工作。只有SU(5)、SO(10)、E6和E8几个对称群似乎具有合适的属性。以群论方法统一三种力的早期尝试非常有趣，相关研究始于1974年哈佛大学的霍华德·乔吉和谢尔登·格拉肖关于SU(5)的工作。尽管对SU(5)的研究自1980年起不再流行，但它向物理学家（尤其是新一代研究生）展示了通过研究对称群构建统一理论的基本原理。

与标准模型中希格斯玻色子破坏了电弱对称性类似，SU(5)中更大的对称性会被一种与希格斯场类似的新的超大质量场破坏。SU(5)对称群需要$5^2 - 1 = 24$个零质量玻色子作为这种新对称性的媒介。在计算场的数量时，12种已知的玻色子分别是强相互作用SU(3)提供的$3^2 - 1 = 8$个、弱相互作用提供的$2^2 - 1 = 3$个，以及电磁相互作用U(1)提供的一个玻色子。这意味着还需要额外的12个基本玻色子才能满足SU(5)的对称性。令人惊讶的是，在SU(5)对称性被新一族超大质量希格斯玻色子破坏时，12种新的X和Y玻色子会通过与超大质量希格斯玻色子发生相互作用获得近10^{15}GeV的巨大质量——差不多是质子质量的100万亿倍。这类似于电弱相互作用中希格斯玻色子赋予作为弱力载力子的W玻色子和Z玻色子质量，从而使弱力在很低的能量上与电磁力表现出差异。

接下来的10年间，物理学家为统一强力与电弱力探索了许多其他对称性破缺机制。他们在过程中遇到了大量技术上的难题，尤其是无法保证计算能够得到有限的结果。一部分问题通过假设空间具有多达26个维度得到了至少暂时性的解决，这些维度中只有四个是我们眼前几乎无限的时空，其他卷曲起来的维度尺寸小于10^{-30}厘米。

早期统一理论的另一个特征是令强力和电弱力在低能量下产生明显区别的对称性破缺机制背后的意义：从10^{15}GeV到大约300 GeV之间必须存在一个巨大的"荒漠"，在当中不会找到任何稳定的新粒子。对于在建造更新、更贵的粒子加速器后总能发现新粒子的实验者而言，这是个让人寒而栗的消息。不过它对于大爆炸宇宙学来说却是个好消息，因为在这段

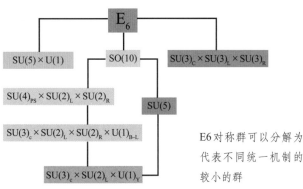

E6对称群可以分解为代表不同统一机制的较小的群

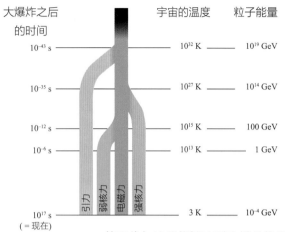

大爆炸之后
的时间

10^{-43} s

10^{-35} s

10^{-12} s

10^{-6} s

10^{17} s
（=现在）

宇宙的温度　　粒子能量

10^{32} K　　10^{19} GeV

10^{27} K　　10^{14} GeV

10^{15} K　　100 GeV

10^{13} K　　1 GeV

3 K　　10^{-4} GeV

引力　弱核力　电磁力　强核力

力的一种简单统一
机制

巨大的能量范围和相应的时间尺度内，不用再担心各种新粒子的影响了：有标准模型中的粒子就足够了。

尽管没有任何一种大统一理论得到普遍认可，但不同候选理论对物理世界做出了一些共通的重要预测。理论预言了两个标志着主要对称性破缺发生的临界温度。就像冰会在0℃时变成水并在100℃时变成蒸汽一样，支配物质及其相互作用的法则会在对应着电弱统一能量和大统一能量的温度下突然改变。这些"结晶"发生的能量十分奇妙。电弱相变预计在200~300 GeV之间发生，大型强子对撞机等现代加速器能够达到这样的能量，而大统一相变所需的1 000万亿GeV的能量以人类科技很可能永远无法实现。

为了对统一做出预测，这些理论需要新粒子的存在。例如，SU(5)需要24个规范玻色子，而标准模型的玻色子只占其中12个。因此，必须存在额外的12个超大质量玻色子，其质量接近大统一理论10^{15}GeV的量级。

电弱理论正确预言了W^+、W^-和Z^0玻色子以及一种名为希格斯玻色子的新粒子的存在。大统一理论需要的希格斯玻色子可不止两种，该理论的一些简单版本似乎都需要存在由25个更重的希格斯玻色子组成的家族。另外，许多大统一理论还预测质子终将衰变。有任何实验证据显示强力、弱力和电磁力会随着相互作用能量的上升在某个能量下统一吗？答案似乎是肯定的。

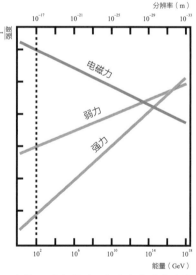

分辨率（m）

10^{-17}　10^{-21}　10^{-25}　10^{-29}　10^{-33}

强度

电磁力

弱力

强力

10^2　10^6　10^{10}　10^{14}　10^{18}

能量（GeV）

大统一理论预测，各个力的强度在非常高的能量下会统一

在非常低的能量下，电磁相互作用的强度取决于所谓的精细结构常数，$\alpha = 0.007\ 30$。但当能量接近 90 GeV 时，实验显示它的值增加到了 $\alpha = 0.007\ 82$。强相互作用的相应常数在 34 GeV 时的测量值是 $\alpha = 0.134$，而在 90 GeV 时降至 $\alpha = 0.119$。随能量上升出现的这些变化至少表明电磁相互作用与强相互作用越来越相似，且后者的强度在减弱。所有大统一理论都预言了这种现象。不过，很难根据在小于 100 GeV 的能量上测出的趋势推断不同的相互作用到了 10^{15} GeV 会拥有单一的相互作用强度。

精细结构常数 ▶ 与电磁力强度有关的数字（其值接近 1/137），决定了带电基本粒子（电子和 µ 子）与光（光子）之间的相互作用。

超对称

20 世纪 80 年代，物理学家发展出一种全新的统一粒子和力的方式，基于 1978 年尤利乌斯·韦斯和布鲁诺·朱米诺发现的一种自然界中可能存在的新对称性——超对称（SUSY）。

超对称

标准模型由自旋 1/2 的费米子和自旋为 1 的玻色子组成。这些场在拉格朗日量中以分开的项表述，由于自旋不同而未能得到统一。超对称是自然界中一种新的对称性，它允许费米子和玻色子在数学上相互转化：对于每种费米子和玻色子，理论中都有一种新的粒子与之配对。例如，自旋为 1 的光子对应着名为"光微子"的自旋 1/2 的新粒子。这些新粒子必须被包含在拉格朗日量中，以保证理论的超对称性并确保对各种过程和相互作用的计算能够得出有限的答案。超对称粒子的质量可能超过 1 TeV。然而截至目前，大型强子对撞机还没有探测到任何显示超对称粒子存在或能够通过预期方式生成的证据。

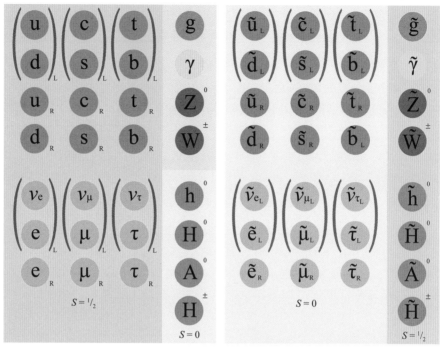

超对称需要标准模型之外的额外粒子

现有粒子　　　　　　　　　　超对称粒子（最小超对称标准模型）

这种新的对称性能够在数学上将费米子转化为玻色子。这意味着我们得到了一种数学机制，可以将载力子（玻色子）与其作用对象（费米子）统一起来。超对称还提出，存在一组全新的粒子。理论中每种普通粒子（例如夸克、电子、胶子和光子）都有其相应的超对称粒子（被称为标量夸克、标量电子、胶微子和光微子）。这些粒子的质量高达 1 TeV 甚至更高，它们比普通的标准模型粒子要重得多。

同样有趣且令人激动的是，将超对称变换应用在粒子上两次，将普通费米子转化为超对称玻色子再变回普通费米子时，它也改变了粒子在时空中的位置。度规 $g_{\mu\nu}$ 明确地出现在这种时空变换中，这意味着引力通过其时空度规符号自动被引入。因此，超对称被看作一种统一了引力和物质的理论。这带来了20世纪70年代末至80年代对有关超对称引力（或称"超引力"）的数学和超对称理论其他应用的研究。物理学家还发展出了各种对标准模型的超对称拓展。眼下，物理学家正在对标准模型展开搜索，以寻找与包含新粒子和对称性的最小超对称标准模型（MSSM）相一致的新内容。

> **超对称** ▶ 超对称原理指出，费米子和玻色子中的每一种粒子都有一种相应的"超对称粒子"。该理论旨在填补标准模型中的空白并消除矛盾。

对大统一能标的估算

在最小超对称标准模型中，强相互作用随能量的变化满足 $y = 5 - 1.1x$，电磁相互作用则满足 $y = 63 - 2.4x$，其中 y 是力的强度的倒数，而 x 是以对数为单位的能量（例如 $x = 5$ 代表 10^5 GeV 的能量）。什么样的能量能够使两种力具有相同的强度呢？将两式联立（$63 - 2.4x = 5 + 1.1x$）并求解 x，得到 $x \approx 17$。因此二者的强度应当在能量约为 10^{17} GeV 时相等。

物质和反物质

20世纪20年代中期，物理学家发现了量子力学和电子运动的基本规则，并将其构建成能够计算并预测各种（尤其是光谱学中的）原子现象的精确的数学理论。然而它并不满足爱因斯坦的相对论。1928年，物理学家保罗·狄拉克几乎在一夜之间开发出了一种关于电子的相对论性量子理论，但为了保持数学上的特定对称性，狄拉克不得不假设存在一种与电子相对应的粒子，它除了带有正（而不是负）电荷外与普通电子完全相同。这种"反电子"（如今被称为"正电子"）很快在1932年被卡尔·戴维·安德森发现。自那时起，"反物质"的概念出现在众多物理学理论和科幻故事中，并应用于各种技术，比如正电子发射体层（PET）扫描。

从照片中可以看到，电子在穿过固定磁场时会向右螺旋运动，反电子则向左螺旋运动

反物质

电子这种基本粒子带有-1.6×10^{-19}C的电荷、1/2普朗克自旋单位的量子自旋，以及9.1×10^{-31}kg的质量。狄拉克在构造相对论性方程时发现，为了令方程具有正确的对称性，还需要存在一种带有$+1.6\times10^{-19}$C的电荷、1/2普朗克自旋单位的量子自旋，以及9.1×10^{-31}kg的质量的与电子相对应的粒子。换言之，这种粒子看上去与电子完全相同，除了所带电量相反。在数学上将电子与这种反电子结合时，产生的量子态具有真空的性质，但结合在一起的粒子由$E=mc^2$决定的能量会以一对光子的形式出现。也就是说，将粒子与其反粒子结合会释放$E=2mc^2$的能量。夸克也有反粒子：如果一种夸克带有$+1/3$的电荷，它的反夸克将带有$-1/3$的电荷。但如果它们的"色荷"不同，夸克和反夸克将无法彼此湮灭。终态必须不带净电荷或色荷，具备真空的量子性质。

Λb^0 及其反粒子

Λb^0粒子

宇宙学中最大的挑战之一是解释为何是物质在可见宇宙的恒星和星系中占据了主导地位，为何没有同样多的反物质。几十年来，物理学家了解到部分核反应在物质和反物质之间并不对称。最新的例子是2017年公开的对名为Λb^0的奇异粒子及其反粒子衰变的研究，大型强子对撞机约6 000次测量的数据显示出衰变产物中物质与反物质有统计学上的显著差异，物质占主导地位。Λb^0粒子由底夸克、上夸克和下夸克三个夸克组成，衰变寿命为1.5皮秒，在其涉及轻子的终态衰变产物中出现的物质多过反物质。然而，标准模型中没有任何终态产物稳定的过程能形成比反重子（反夸克）更多的重子（夸克）。为了产生比反物质多的物质，需要新的过程或对称性破缺，这是推动发展标准模型之外的物理学理论的关键问题之一。物理学家希望这些新的物理学理论最终能解释为什么我们是由物质构成的生物。

粒子荒漠

在20世纪50年代至今的所有对撞机的历史中，总有新的发现推动着我们解释自然界的能力不断提升。20世纪70年代夸克被发现，20世纪80年代W和Z^0玻色子被发现，最近的则是2012年发现的希格斯玻色子。所有这些粒子都是在低于200 GeV的能量上被发现的。但如今，随着大型强子对撞机在2017年的运行能量达到13 000 GeV却没有新收获，一种绝望的情绪开始蔓延。尽管数学上对大质量超对称粒子的衰变过程已有很成熟的研究，但实验在这一全新的能量景观上并没有发现新的粒子或力。

大多数超越标准模型的理论都提供了将强力与电磁力和弱力统一的方法。统一能量预测在1 000万亿 GeV左右。基于流行的超对称理论的计算显示，在超过1 000 GeV的能量上应该存在着大量新粒子，其中每一种都对应着标准模型中已知的25种粒子之

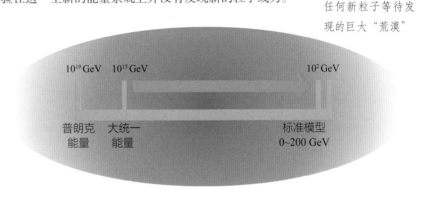

可能存在一片没有任何新粒子等待发现的巨大"荒漠"

一，但比后者重得多。超对称理论中的一些粒子（例如中性微子）甚至是暗物质的候选粒子，我们将在后续章节中讨论它们（参见第173页）。然而，在这些新的超对称粒子的质量之上，从大概100 000 GeV到1 000万亿 GeV的大统一能量之间应该都不会有等待我们发现的新粒子。如果粒子荒漠不存在，该质量范围内存在任何粒子，都会使质子在比当前预测限制短得多的时间内衰变。尽管粒子荒漠在令质子免于衰变的意义上有重要的理论价值，但这样的预测对实验物理学而言是毁灭性的。大型强子对撞机消耗130亿美元只发现了希格斯玻色子这一种新粒子，要如何才能找到资金建造更大的对撞机来探索范围更广（也更费钱）的粒子荒漠呢？

尽管这片荒漠中或许不存在粒子的前景令人沮丧，可它实际上可能是我们物理世界一个至关重要的特征，正是这一特征让所有物质不至于分崩离析。我们能开车穿过撒哈拉沙漠，到达更繁华的地区，但这片粒子荒漠中似乎并没有触手可及的由新粒子构成的绿洲，而那才是物理学家建造新一代昂贵对撞机的目标。

标准模型之外的粒子

中性微子

超对称理论要求存在对应着已知的25种粒子的超对称粒子，但这些粒子质量巨大。其中最受期待的是对应普通中微子的"中性微子"。最小超对称标准模型（MSSM）有许多版本，它们采取的假设不同，引入新粒子的具体数量也不同。一般来说，最轻的中性微子 N_1^0 较为稳定，且只通过弱力和引力与物质发生相互作用，这使其成为假想的大质量弱相互作用粒子（WIMPS）和冷暗物质（CDM）的理想候选粒子，用于解释宇宙中暗物质的存在，特别是它在星系团和大尺度结构形成中扮演的角色。

轴子

对称性在物理学中很重要，因为它们与守恒量有关。比如，如果在描述粒子能量的方程中将 $-t$ 换成 $+t$，得出的能量不变，这就反映出与时间反演对称性有关的能量守恒。在核物理学中，如果在检查粒子间特定相互作用时改变电荷（C）的符号并在镜中反转相互作用（宇称，P），它看起来应该没有区别。换言之，把粒子换成它的反粒子并将相互作用左右反转后得到的相互作用应该和之前相同。这叫作CP不变性。几乎所有的粒子相互作用都遵循CP不变性，除了一种名为K介子的粒子通过弱相互作用的衰变。但CP在强相互作用中守恒。为解释这种差异，物理学家提出了一种名为轴子的新粒子。它甚至比中微子还轻，质量预计在 10 meV 到 1 000 meV 之间。如果轴子的质量在 5 meV 左右，它将能解释暗物质。

卡鲁扎−克莱因粒子

20世纪20年代，奥斯卡·克莱因找到了一种通过在时空中加入第五个维度来统一引力和电磁力的方法。这将使空间维度从三维增加到四维，不过额外维度的尺寸是有限的，且远小于原子的尺度。对这种五维广义相对论的进一步研究还显示，理论中所有普通粒子处于阶梯的最底层，其上方额外的每一层代表一种超对称粒子，质量逐级增加。最轻的新粒子质量在 500 GeV 到 1 TeV 之间。如果宇宙中有很多这样的粒子，它们与普通物质在大爆炸后不久发生的相互作用将对宇宙膨胀速度和原初氢氦比例等造成极大的改变。

引力微子

20世纪70年代，物理学家提出了超对称思想以统一标准模型中的基本费米子和玻色子。在自然界中引入这种新的对称性的结果是，标准模型中的每种粒子（包括名为"引力子"的假想粒子）都将有一种与之对应的新粒子。将引力与标准模型中其他力统一的超对称理论名为"超引力理论"。引力微子带有3/2的量子自旋，它是自旋为2的引力子在超引力理论中对应的超对称费米子。理论物理学家推算，引力微子的质量低于100 GeV，并且能够衰变为光子和中微子或Z⁰玻色子和中微子的组合。理论预测的衰变时间即使与宇宙年龄相比也很长。衰变成光子的过程可能以宇宙微波背景辐射光谱中的不规则性的形式显现。作为暗物质候选粒子，引力微子在宇宙中一种有趣的潜在来源是大爆炸后不久引发暴胀的粒子的衰变（参见第十一章）。

惰性中微子

这种粒子与普通中微子相似，但只通过自身引力参与相互作用，不参与标准模型中微子代表性的弱相互作用。对于其种类数量，已知理论并没有给出限制。理论上，它们的出现是因为标准模型中的中微子是"左手性的"，而根据对称性应当存在同样多的"右手"中微子。这些惰性的中微子不参与左手弱相互作用。因为惰性中微子可能会与普通中微子混在一起，科学家通常会通过探索产生中微子的过程来探索这类粒子。最近，有研究团队在美国伊利诺伊州的费米实验室加速器探测到μ子中微子在中微子振荡过程中产生了过量的电子中微子，这是存在惰性中微子的间接证据。如果惰性中微子的质量在7 000 eV左右，它们将能解释暗物质的存在，并在3 500 keV的能量上产生额外的X射线。截至目前，物理学家还没有确定地探测到这样的现象。

搜寻新物理学

在花费数十亿美元打造的对撞机中，有专门负责数据工作的物理学家团队，他们的工作是从以 TB 为单位的数据中筛选信息以提高标准模型的精确性，并将其做出的预测与现实世界进行对比。标准模型的预言一直与实验结果相符，这也把对它的测试推向越来越高的能量。不过，自 2012 年以来，在欧洲核子研究中心的大型强子对撞机进行的数万亿次能量最高达到 13 000 GeV 的相互作用中，没有发现任何新的物理学现象，即使在标准模型预言的最后一位小数点的精度上，结果也与预测值一致。

如今，我们得到了一种非常优美的包含超对称的对标准模型的候选扩展方案。科学家在数学上发展出许多种最小超对称标准模型（MSSM），但它们中的大多数都预测，从约 1 000 倍质子质量处（1 TeV）开始将能够探测到这些超对称粒子中最轻的"简单目标"。

大型强子对撞机在最近 7 年的运行中使用了各种先进的技术和精密的探测器，但并没有发现任何存在超对称的确定证据。对标量夸克和胶微子（夸克和胶子各自的超对称粒子）的搜寻在 2 TeV 的质量以下没有任何结果。并无证据显示存在质量小于 6 TeV 的奇异超对称物质，在 5 TeV 以下也没有找到 W 玻色子的大质量超对称粒子。更令人不安的是，超对称粒子本应该出现在计算特定重要物理常数所涉及的虚过程中，但相应常数的值与不考虑超对称过程的计算结果精确吻合。最小超对称标准模型同样为天文学家提供了一种解释暗物质并结束有关其争议的简单方案。可惜的是，大型强子对撞机没有在最小超对称标准模型预测的质量范围内找到较轻的中性微子存在的证据。

自然似乎偏爱简单而不是复杂的理论，我们当前的理论真的足够简洁吗？

右页：位于加利福尼亚州伯克利的 60 英寸（152 厘米）回旋加速器，它从 1939 年开始运行，是世界上最早的粒子加速器之一。如今，借助欧洲核子研究中心的大型强子对撞机，物理学家不断加深着对宇宙中物质基本结构的了解

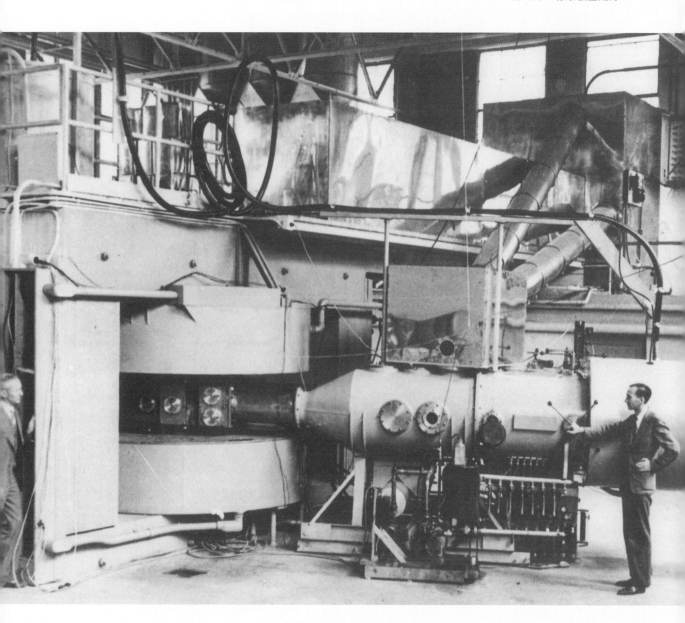

第八章

神奇的星系“动物园”

星系研究的开始—射电星系—类星体—活动星系—黑洞—吸积盘—超大质量黑洞

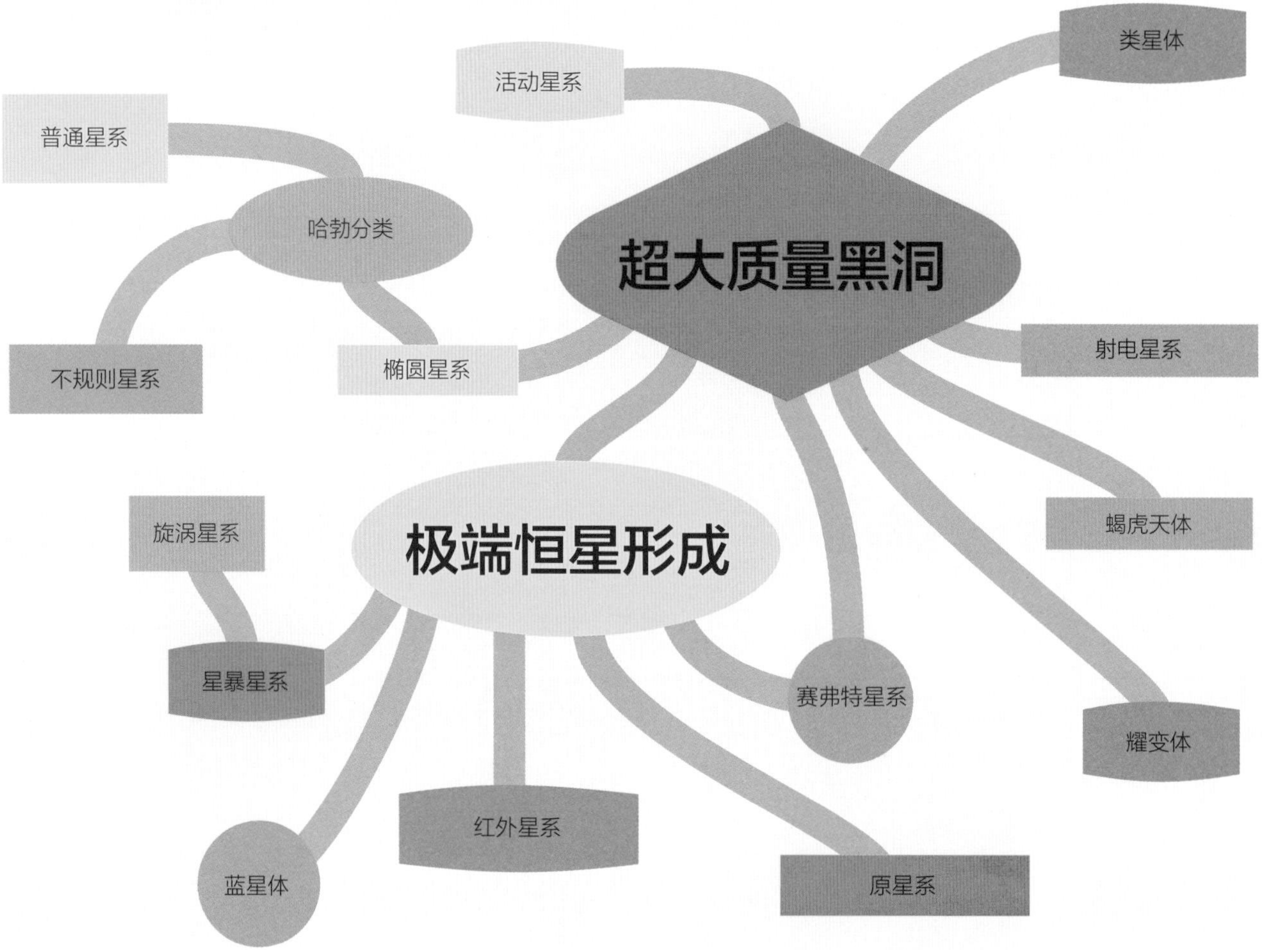
活动星系
类星体
普通星系
哈勃分类
超大质量黑洞
不规则星系
椭圆星系
射电星系
旋涡星系
极端恒星形成
蝎虎天体
星暴星系
赛弗特星系
耀变体
红外星系
蓝星体
原星系

星系研究的开始

从不同视角观察到的各种星系形式——包括椭圆星系、旋涡星系和不规则星系在内，一直是天文学中神奇又令人困惑的存在。18世纪末19世纪初，威廉·赫歇尔爵士把形形色色的"星云"编入列表，到了20世纪30年代，天文学家借助望远镜和摄影技术积累了包含各种星系形式的目录。很快，埃德温·哈勃在1936年为星系建立了一个纯粹以他看到的形状变化为基础的分类系统。一些天文学家甚至错误地判断这些形状代表了星系从一种类型（椭圆星系）到另一种类型（旋涡和棒旋星系）的逐步演化。20世纪下半叶，红外、射电和X射线望远镜等观察宇宙的新方式的出现再次彻底改变了我们对星系形态的理解。

到了20世纪30年代后期，星系被分为4个主要类别：椭圆星系、旋涡星系、棒旋星系和不规则星系。这仅仅是星系研究的开始，当时只有一小部分星系的距离得到了确定。我们只能从少量近距离天体系统的照片中收集到有关星系类型的极为基本的信息。甚至"星系"一词都还没有被用在这类天体上，"岛宇宙"或"河外星云"一类的名称仍然经常出现。

星系形态的早期分类系统

当时，光谱技术才刚刚发展到可以从这些昏暗的弥散天体探测到足够光线以识别其化学性质的程度。天文学家发现，它们的光谱类似于即使用最强大的望远镜也无法分辨的无数颗与太阳相同类型的恒星发出的光。1921年，维斯托·斯里弗一项涉及40个此类天体的多普勒效应的开创性研究显示，这些天体的速度大得惊人。它们主要在远离观测者的方向上运动，特别是当中速度最快的天体：当时速度最快的星系之一是NGC 584，其速度达到1 800 km/s。用斯里弗的话说："特定形式的广义相对论……表明非常遥远的发光天体看上去应当以很大的速度退行……而最终，事实也许会证明，这些观测能带给我们有关空间本身尺度的线索。"

到了1955年，天文学家已经有能力拍下各种令人惊叹的星系照片，其中包含的细节足以分辨出离我们最近的一些天体（例如M33、M101以及著名的仙女星系M31和大小麦哲伦星云）中的恒星。摄影技术的发展使得

风车星系M101（一个典型的旋涡星系）的现代照片

维斯托·斯里弗

斯里弗1875年出生在印第安纳州的马尔伯里，他于1909年获得了印第安纳大学的博士学位。他在1912年成为首位利用光谱技术观测星系多普勒运动的天文学家，随后又在1914年观测了星系的旋转。斯里弗还聘用了后来发现冥王星的克莱德·汤博。之后，斯里弗与利用变星来测量星系距离的埃德温·哈勃展开了合作。他们各自的数据一同证明了宇宙的膨胀以及速度和距离之间的关系，后者被称为哈勃定律，尽管它其实应当被称作哈勃-斯里弗定律。

已知星系的数量急剧增加，基于天空中小片区域的估计显示存在超过7 500万个星系。而如今，名为哈勃极深场（XDF）的照片令科学家推测宇宙中存在1 000亿至2 000亿个星系。

20世纪中叶，天文学家利用涉及造父变星和哈勃定律的测距方法找到了距离我们7亿光年、退行速度达到38 000 km/s的星系。科学家将这种惊人的退行速度出现的原因归结于大爆炸造成的膨胀。有关多普勒效应的研究显示，部分星系（例如旋涡星系）会旋转，它们当中包含无数和我们的太阳一样的恒星，而这些星系的具体形态在某种程度上取决于其中厚重的星际云团的位置。不过除此之外，我们对其动力学及演化的了解非常少。

哈勃极深场

天文学家将哈勃空间望远镜对天炉座内一小片区域（天空中一块面积不到满月十分之一的区域）在十年间拍摄的图像叠加在一起，从中找出了5 500个星系。这张名为哈勃极深场（XDF）的合成影像中包含一些极为遥远的星系，图中拍下的是它们在宇宙还不到如今年龄的5%时的样子。该区域只占全天的三千万分之一。根据这张图像，天文学家估计整个宇宙中可能有多达1 000亿至2 000亿个星系。

射电星系

1944年，美国射电天文学家格罗特·雷伯在银河系中探测到的射电信号为我们打开了一扇了解宇宙的全新窗口。自那时以来，许多更灵敏的射电望远镜相继落成。除了已得到详细测绘的来自银河系的射电信号，天文学家还发现了无数的"射电恒星"，其中很多并不是天空中的点状射线源。利用由位于不同大洲的两台（或更多）射电望远镜组合而成的射电干涉仪可以分辨这些源并对它们进行测绘。

最强的河外射电源之一天鹅射电源A（也被称为3C 405）是一个距离我们约6亿光年的双射电源，其中两片呈哑铃形的区域相隔约50万光年。另外，帕洛马山200英寸（约5.1米）望远镜得到的照片显示，射电源的中心与一对由于碰撞而扭曲的星系相重合。

天文学家为越来越多的射电源找到了光学望远镜图像中可能对应的天体，但往往只有一团大的射电源出现在偏离光学天体中心的位置。在室女座A（M87）等一些系统中，可以看到从星系核向发出射电信号的区域之一的方向射出的光学喷流。在高分辨率下，可以看到一个个宽度达到数光年的等离子云（被称为等离激元）随着时间沿喷流向外运动，就像是被喷流底部处于星系核心的某个不可见的源喷射出来一样。这些等离激元的观测速度经常在光速数分之一的量级，是宇宙中观测到的运动速度最快的物理现象之一。

类星体

1963年，随着对射电源进行的光学搜索的继续，天文学家艾伦·桑德奇发现一个名为3C48的射电源中央只有一个暗淡的蓝色恒星状天体（简称蓝星体）。天文学家杰西·格林斯坦和托马斯·马修斯在对该天体的光谱观测中得到的谱线让人无法理解。同一年，马尔滕·施密特和约翰·贝弗利·奥凯观测到了3C273的光学对应物，他们的光谱结果显示出 $z = 0.16$ 的"红移"，这意味着相应天体的退行速度是光速的16%。施密特将波长偏移的现象正确地解释为普通原子谱线由于宇宙膨胀而偏移到了波长更长的位置。这样一来，之前3C48的光谱也可以用波长偏移了大约37%的谱线来解释，对应着近110 000 km/s的退行速度。1964年5月，天文学家丘宏义在发表于《今日物理学》杂志的文章中提出了"类星体"这个名字。

武仙座A射电源在光学（哈勃空间望远镜）和射电（甚大天线阵）波段的图像

类星体 ▶ 也称类星射电源，指在遥远星系的星系核中发现的巨大射电能量源，其中可能包含大质量黑洞。

类星体能量生成

类星体的功率通常在每秒 10^{47} 尔格左右，这意味着它们每年产生约 3×10^{54} 尔格的能量。根据 $E = mc^2$，产生这些能量需要每年湮灭 $3 \times 10^{54}/(3 \times 10^{10})^2 = 3 \times 10^{33}$ 克的质量，大约是太阳质量（2×10^{33} 克）的 1.5 倍。旋转的黑洞只能将大约 42% 的静止质量转化为能量。这意味着如果类星体当中的超大质量黑洞在旋转，为了解释类星体的光度，这个黑洞每年必须吸收约 3 倍太阳质量的恒星、气体和其他物质。这是借助超级计算机对黑洞并合事件进行了理论研究后，科学家普遍相信的结果。

尔格 ▶ 1 达因的力作用于物体，使其移动 1 厘米的距离所消耗的能量。

斯隆数字巡天

斯隆数字巡天是以可见光、红外线和紫外线波段的光谱观测为主的巡天项目，目前已经得到了全天 35% 的区域的详细三维图像。项目计算了类星体、亮红星系以及其他天体的红移。它用到的是建在美国新墨西哥州阿帕奇点的一台直径 2.5 米的广角光学望远镜。

20 世纪 60 年代，天文学家继续搜寻类星体，截至 1968 年得到了包含约 40 个类星体的目录。如今，有超过 20 万个已知的类星体，其中大部分是在斯隆数字巡天计划中被发现的。观测到的大部分类星体光谱的红移在 $z = 0.056$ 到 7.085 之间。利用哈勃定律和广义相对论，可以证明它们到我们的距离（共动距离）在 6 亿到 280 亿光年之间。由于最远的类星体与我们之间距离极远，光速又是有限的，因此，我们观察到的这些天体及其周围的空间仍处在宇宙历史的早期阶段。已知距离最远的类星体 J1342+0928 的红移是 $z = 7.54$，当时宇宙只有 7 亿年的历史。我们观测到的是该天体在宇宙中最初的恒星和星系正在形成的时期发出的光。

通过统计不同红移上的类星体数量，天文学家在 $z - 0.5$ 到 3.0 的红移之间发现了一段类星体大量形成的时期，对应着大约20亿至50亿年前。如今类星体的形成机制不再像当初一样高效，因此我们这部分宇宙中的类星体数量较少。事实上，位于 $z = 0.16$ 的红移上的 3C273 仍是已知距离最近的类星体，距我们24亿光年。其光度相当于4万亿个像我们的太阳一样的恒星。即便如此，它还不是已知光度最高的类星体。天文学家2015年在 $z = 6.3$ 的红移上发现的类星体 SDSS J0100+2802 的光度是太阳的430万亿倍，我们看到的光是它在宇宙只有9亿年历史时发出的。

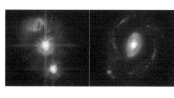

哈勃空间望远镜观测到的类星体，图中显示的是正在发生相互作用的星系

活动星系

自20世纪60年代以来，天文学家发现了一系列让人意想不到的奇特星系。其中许多星系高密度的星系核中显示出活动迹象。对这些"活动星系"从射电、红外到X射线各波段的研究发现了三种不同类型的活动。

星暴星系

有在短时间内形成大量大质量恒星的迹象，并存在很多大质量恒星在生命尽头爆发形成的超新星事件的证据。

星暴星系 M94

赛弗特星系

旋涡星系的星系核中经常出现强大而致密的射电及红外辐射源。其星系核内通常含有以每秒数千千米的速度运动的电离气体，就像是从中心某处被射出并向外膨胀的云团。

塞弗特星系圆规座A展现出复杂的恒星形成和气体喷射过程

蝎虎天体和耀变体

具有明亮恒星状星系核的星系，其光学和射电亮度会在数月至数年的时间中发生变化。事实上，天文学家误将发现的第一个此类星系认作银河系中的普通恒星并将其命名为"蝎虎座BL"。耀变体甚至会在短至数小时的时间上变化，并且会产生伽马射线。

艺术家笔下的耀变体

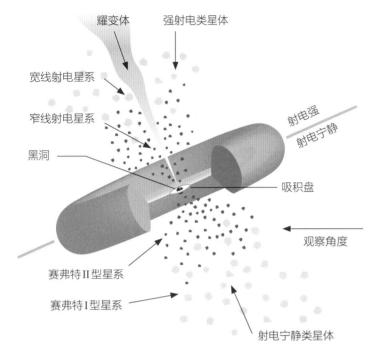

耀变体

强射电类星体

宽线射电星系

窄线射电星系

黑洞

射电强

射电宁静

吸积盘

观察角度

赛弗特II型星系

赛弗特I型星系

射电宁静类星体

一个物理系统从不同的角度观察可以展现出多种不同的活动

对活动星系的研究发现它们中的许多与星系碰撞有关，星际云之间激烈的碰撞刺激了无数大质量恒星的形成。而对于赛弗特星系和蝎虎天体等其他活动星系，天文学家认为它们是从地球上以不同的角度观测到的同一种现象。这些星系的星系核中有大质量黑洞，从四周的吸积盘中获取物质。从侧面看去，它们就是赛弗特星系；而当从正面观察时，沿着视线方向的高速等离子喷流亮度快速变化，形成了观测到的蝎虎天体和耀变体现象。

黑洞

广义相对论最奇特的预言之一是高度压缩的物体会扭曲时空并令光线被困住。这些被称为"黑洞"的物体（一般认为"黑洞"这个名字由物理学家约翰·惠勒在1967年提出）可以具有任何尺寸，从微观的量子黑洞到恒星级黑洞，乃至质量达普通恒星数百万甚至数十亿倍的"超大质量黑洞"。引力没有特定的最优作用尺度，因此只要将物质压缩到足够的密度就能在任何质量上形成黑洞。

尽管对黑洞的预言源自爱因斯坦的广义相对论，但爱因斯坦本人没有做出相关预测。事实上，是1916年卡尔·施瓦西在有关"点质量"的数学推导中逐渐发现了它们的存在。施瓦西发现在这种被压缩的质量周围的特定距离上，方程预测光会被彻底困住。这一半径如今被称为"施瓦西半径"。

在被誉为"黑洞研究的黄金年代"的1958至1967年间，许多物理学家和数学家对不同形态的黑洞的详细性质进行了探索，涉及旋转黑洞、带电荷的黑洞以及其他可能的构造。天文学家也研究了黑洞是如何作为恒星正常演化的结果在如今的宇宙中形成的。

不高于5倍太阳质量的恒星在生命末期会变成红巨星，这些红巨星核心的密度接近白矮星。它们在演化至行星状星云的阶段并失去外层气体后，只剩下冷却的白矮星核心。天文学家在天琴座的M57等行星状星云中观测到了这种情况。超过10倍太阳质量的恒星则会成为超新星。在核心坍缩后，如果爆炸剩下的质量不超过太阳的3倍，残余物可以形成稳定的中子星。超过20倍太阳质量的恒星同样会成为超新星，但其残余物过重，无法形成稳定的中子星，将直接坍缩成黑洞。这些恒星级黑洞可以在各种质量下形成——从太阳质量的数倍到已知质量最大的"超级恒星"（例如在船底星云中发现的那些）的20倍左右。

已知质量最大的恒星通常在太阳质量的100倍左右，一个平均大小的星系中可能只有几百颗这样的恒星。它们在复杂的超新星爆发过程中形成10~50倍太阳质量的黑洞，并伴随着强烈的伽马辐射脉冲。天文学家可以从距离地球数十亿光年的星系中探测到这种"伽马射线暴"。它们平均每天发生一次左右，是可见宇宙中已知最强大的能量爆发事件。

吸积盘

由于引力不存在特定的作用尺度，黑洞的质量没有上限。然而随着质量增加，黑洞周围的环境会变得越来越复杂。黑洞的引力能够影响到数十亿千米之外的星际气体和恒星。角动量的守恒令黑洞吸积到的物质首先停留在一个旋转着的巨大"吸积盘"中，其直径可以从数千千米到和我们的太阳系一样大，质量最大的黑洞的吸积盘直径可达数光年。盘中的运动类似一个迷你的太阳系，遵从开普勒第三定律（第15~17页）给出的距离和旋转周期之间的关系，但结构并不稳定。摩擦力会导致物质从被捕获的位置向内缓慢流动，直到消失在黑洞中心的视界。

船底星云中质量极大的特超巨星喷射出的气体形成了哑铃状的云团

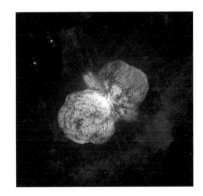

角动量 ▶ 衡量物体旋转的物理量。在不受外力的情况下，角动量守恒（保持不变）。

事件视界 ▶ 黑洞的边界，没有任何物体（包括光）可以逃脱。

吸积盘 ▶ 包括气体和尘埃在内的恒星残骸受引力影响，在黑洞四周形成的旋转着的扁平物质盘。

环绕着黑洞的吸积盘发出的光和辐射使其能够在很远的距离上被观测到

物质在向内流动的同时将引力势能转化为动能，因此吸积盘随着离黑洞越来越近而逐渐升温。吸积盘外围的温度可能只有数千开尔文，因此盘中物质的辐射集中在红外波段。但在黑洞附近，温度能够飙升至10万开尔文以上，这令吸积盘的内部区域成为强大的X射线源。带有吸积盘的太阳质量的黑洞能够以X射线源的形式被探测到。对于质量更大的黑洞而言，被加热的X射线等离子体与吸积盘中的磁场发生的相互作用则会令其在射电波段发出强烈的辐射。通过某种我们还不太了解的过程，吸积盘将等离子体"准直"（对焦或校准）成与自身垂直的能量束，这些物质喷流可以在离星系很远的位置形成强大的射电源。

超大质量黑洞

在首批类星体被发现后不久，埃德温·萨尔皮特和雅可夫·泽尔多维奇在1964年提出它们的能量源头或许是周围有吸积盘的超大质量黑洞。为产生类星体据推测高达太阳数万亿倍的光度，根据爱因斯坦 $E = mc^2$ 的关系，每年必须消耗一整颗类似于太阳的恒星的静止质量才能释放足够的能量。直到20世纪70年代到80年代出现了许多独立的证据，这一理论才得到认真对待。这些证据不仅表明了黑洞的存在，还显示，对许多"活动星系核"的能量产生过程而言，当中存在数百万倍太阳质量的大质量黑洞是唯一的简单解释。天鹅射电源A（天空中最强大的射电源之一）中心的黑洞质量必须达到太阳质量的近3万亿倍才能解释该射电源的光度。一些类星体（如3C175）中存在连接双射电源的明显喷流，因此类星体中的超大质量黑洞也可以与射电星系中驱动着星系核的类似物体联系起来。

埃德温·萨尔皮特

奥地利–美国物理学家埃德温·萨尔皮特1924年出生于维也纳，他随家人移民至澳大利亚并在1945年前获得了学士和硕士学位。1948年，萨尔皮特获得了英国伯明翰大学的博士学位。他余生都在康奈尔大学进行研究，并对理论物理学、量子场论以及天体物理学做出了重要贡献。萨尔皮特第一个发现了大质量恒星可以通过三 α 过程将氦转化为碳。1964年，他和雅可夫·泽尔多维奇分别提出大质量黑洞周围环绕着名为吸积盘的旋转物质盘。这些吸积盘中产生的大量辐射足以解释类星体的光度。

活动星系核 ▶ 星系中央光度较高的区域。

在哈勃空间望远镜开始研究类星体后，直接成像显示，可分辨星系中的类星体现象发生在星系核心处，而且大多数情况下在这些星系中都能找到它们正在经历碰撞的证据。这支持了超大质量黑洞形成于星系碰撞的理论：星系核心的黑洞会并合形成一个质量更大的黑洞。除此之外，对银河系中心的超大质量黑洞的研究显示，或许所有大星系的中央都存在黑洞，它们在大多数情况下处于休眠状态。不过，星系在发生碰撞时可能形成塞弗特星系或产生类星体般的光度，为黑洞提供新鲜的燃料。

射电天文学

数千年来，光谱中名为可见光的狭窄波段（从波长较短的蓝紫光到波长较长的红光）是人类了解宇宙的唯一途径。对电磁波谱的整个范围而言，这就像是只能用钢琴的一个琴键来演奏音乐。继詹姆斯·克拉克·麦克斯韦发现电磁波后，1896 到 1900 年间，人们多次尝试探测来自太阳的无线电波，但都没有结果。20 世纪 30 年代，无线电工程师卡尔·央斯基利用简单的定向无线电天线对短波无线电干扰源展开了追踪，他最终在银河系中心（而不是太阳的位置）发现了很强的信号。受央斯基的发现启发，业余无线电通信员格罗特·雷伯于 1937 年在后院建造了一台直径 9 米的抛物面天线，他不仅探测到了人马座 A 射电源，还对天空中其他射电辐射进行了测绘。他尝试过 3 000 MHz 和 900 MHz 的频率，最终在 160 MHz 探测到了人马座 A 的信号。其后近 10 年间，雷伯在巡天观测的过程中发表了许多天图，他是当时唯一的"射电天文学家"。

对人马座 A* 附近数十颗恒星的直接观测显示，该处存在一个质量超过太阳 400 万倍的大质量天体。它在光学波段不可见，但巨大的引力效应一直延伸至数光年外，这是典型的超大质量黑洞的特征。目前，该天体由于无法吸收太多物质而处于休眠状态，因为过于稀疏的星际介质似乎不足以为其长时间提供质量。但在距今 200 万年前，它可能还处于活跃的塞弗特状态。2010 年，美国航空航天局的费米伽马射线空间望远镜在银河系星系核的上下发现了两团以人马座 A* 为中心的强烈辐射，据估计其年龄在 200 万年左右，此外，还观测到了气体云快速远离中心的运动。由各国天文学家组成的事件视界望远镜项目团队希望借助射电干涉技术首次观测到这个黑洞的视界。该项目有望拍摄到物质落入黑洞的射电图像，以及人马座 A* 事件视界附近的强大引力对无线电波造成的扭曲效应。

艺术家笔下的人马座A*。为确定黑洞的质量,天文学家对其附近数十颗恒星的轨道已追踪了超过10年。红色云团是计算机模拟出的最近与黑洞发生相互作用而被搅乱的星际气体

第九章
最初的恒星和星系

星系之间的碰撞—大尺度结构—宇宙背景辐射—当时的宇宙密度是多少？—黑暗时期—最初的恒星—襁褓中的星系

星系

热大爆炸

辐射退耦时期

早期宇宙

黑暗时期

超星系团

星系之间的碰撞

最初的恒星

恒星形成

星系并合

星系纤维

褵褓中的星系

旋臂

巨引源

星系之间的碰撞

即使在广阔无边的宇宙空间中，星系也会因为各自的运动偶尔相遇。这种现象在星系团中尤其常见：在星系团直径数百万光年的空间内聚集着数十乃至数千个星系。我们的银河系就与附近的矮星系发生过数次碰撞，后者在这种星系之间"弱肉强食"的过程中融入了银河系的主体结构。大约20亿年后，银河系和邻近的仙女星系注定会相撞，这将极大地改变我们星系的形状和成分。

发生碰撞的星系 NGC 2207 和 IC 2163

天文学家观测了天空遥远区域中碰撞和融合的实例，并借助超级计算机模型，对星系碰撞及并合的过程进行了详细研究。两个大小相当的星系由于引力效应发生的碰撞非常壮观，并可能导致各种不同形状的结构出现，其中许多都在真实的星系中被观测到过。

星系掠过彼此会导致旋臂的形成，而并合则会令系统膨起并形成椭圆星系。如果发生碰撞的星系富含气体星际介质，云团与云团之间的碰撞就会引发剧烈的恒星形成活动。如果碰撞速度过快，星际介质则可能从星系中被完全剥离，只留下原本的恒星并彻底停止新一代恒星的形成。

星系之间的碰撞

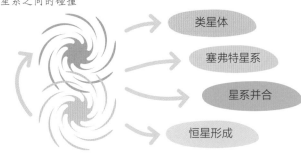

类星体

塞弗特星系

星系并合

恒星形成

哈勃空间望远镜最初的观测项目之一，是拍摄银河系附近一些类星体的图像。几十年来，这些天体一直是完全不可分辨的恒星状点源，因此天文学首先要研究的就是它们的外观。1995年，普林斯顿大学的天文学家约翰·巴考尔主持的类星体成像计划得出了令人惊叹的答案。几乎所有对类星体的高分辨率研究都显示，它们是由两个或更多在空间很小的区域中发生

碰撞的星系组成的系统。观测到的类星体现象能够清楚地与其中一个星系的星系核对应起来，这与正在发生的碰撞与并合事件相一致。类星体现象也符合系统中一个或多个星系的轨道被扰动导致大量气体和尘埃涌入超大质量黑洞的过程。

史蒂芬五重星系是一组密集的旋涡星系，它们将并合成为一个巨大的椭圆星系

大尺度结构

巨引源

室女超星系团
100个星系团，1.1亿光年

室女星系团
1 300个星系，5 400万光年

本星系群
54星系，1 000万光年

银河系
1个星系，100 000光年

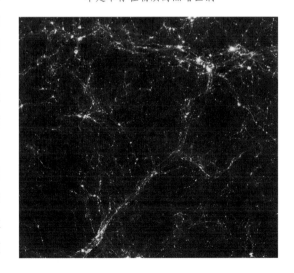

星系和星系团组成了纤维状的宇宙，当中是不存在物质的黑暗巨洞

宇宙中以类星体和塞弗特星系等活动星系（参见第143页）为首的一些最有趣的天体似乎是最近发生或正在发生的碰撞的产物。位于这些星系中央的大质量黑洞正在吸收周围的物质，一段时间后，它们会清空所有轨道与自身相交的物质并停止"进食"。然而在碰撞事件中，新的物质被注入轨道，这令超大质量黑洞再次活跃起来，其活跃程度取决于物质流入的速率。

星系之间的碰撞与并合也是令小星系成长为更大系统的重要机制。天文学家认为它们是在宇宙还非常年轻、只存在很小的内部有恒星形成的云团时的重要机制，这些云团的大小与银河系附近的大小麦哲伦云相当。在当时密度更高也更

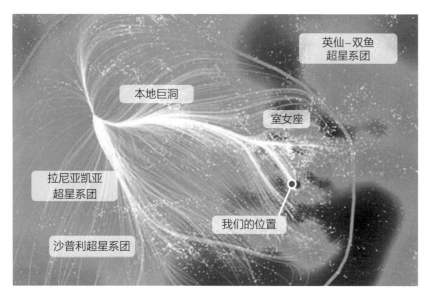

拥挤的宇宙中，很多小星系都处在将会发生碰撞的轨迹上，因此在大爆炸后的最初数十亿年间，星系间的并合与吞并事件发生的频率比现在高得多。结果就是，活动星系和类星体在早期宇宙中更为常见，如今，银河系附近已没有多少这类由星系碰撞引起的现象。

除了星系团，宇宙中还有更大的由星系组成的结构。我们的银河系是由54个星系组成的本星系群的一员，本星系群中还包含仙女星

天文学家提出的本超星系团速度场图

系和大量矮星系。它属于拉尼亚凯亚超星系团（也被称为室女超星系团），后者包含超过100个星系团，占据直径约1.1亿光年的球形空间。天文学家相信，可见宇宙中还有大约1 000万个这样的超星系团。拉尼亚凯亚超星系团正和其他许多超星系团一起朝着与船帆超星系团重合的所谓的巨引源移动。这些星系和超星系团组成的整个系统被称为沙普利超星系团，它宽约5亿光年，估计包含100 000个星系。

确定这些巨大物质集合的成员不仅需要测量成千上万个星系的退行速度，还需要利用超级计算机模型，根据这些星系彼此之间的引力效应以及暗物质的贡献造成的速度场决定它们将如何运动。目前研究所需的数据仍然不足。在银河系附近20亿光年内的大约2.5亿个星系中，只有几百万个星系的红移得到了测量。据估计，该范围内可能包含多达1 000个超星系团。在更大的可见宇宙中或许有两万亿个星系等待着我们去归类。即便如此，从我们有限的视角出发，还是能够探索这个宇宙的基本特征。

星系群体大尺度结构的一个主要特征是，它们似乎被限制在围绕着不存在星系的巨洞的纤维状结构中，如同肥皂泡表面的薄膜。科学家借助包含暗物质的超级计算机模型模拟了这种纤维状结构的具体形状和特征，实际观测到的特征符合以暗物质作为引力主要贡献的模型。

引力势阱 ▶ 空间中巨大天体施加的引力。

在大爆炸期间，普通物质落入暗物质形成的引力势阱。这些势阱构成了我们如今看到的大尺度结构的基础。随着普通物质持续冷却并演化，它们形成的一个个小星系不断并合，产生了如今构成星系团、超星系团以及纤维状结构的星系群体。

宇宙背景辐射

20世纪40年代后期，乔治·华盛顿大学的美国物理学家乔治·伽莫夫和拉尔夫·阿尔弗考虑了将大爆炸"倒放"的情形，并很快意识到刚刚诞生的宇宙中极高的温度和密度条件会引发核反应。伽莫夫将利用他有关大爆炸中元素形成的数学处理方法来计算元素丰度的任务交给了他的学生拉尔夫·阿尔弗。结果最终于1948年发表。

20世纪60年代至70年代，"热大爆炸"模型得到了进一步发展和扩充，以解释数量惊人的在宇宙诞生不到十分钟时就退出宇宙历史舞台的现象。若要了解宇宙"诞生"之时的样貌，我们必须探索只有高能物理学家才熟悉的各种环境。

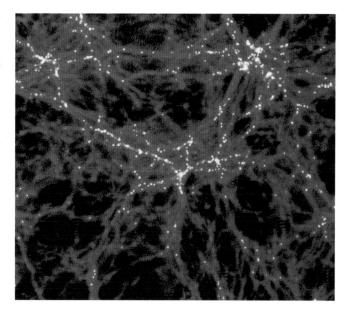

超级计算机模拟的大爆炸后宇宙中纤维状结构的演化

宇宙中的温度关系

宇宙标度因子 $a(t)$ 与红移的关系是：

$$a(t) = \frac{1}{1+z}$$

而温度与标度因子之间的关系是 $Ta = $ 常数，根据当前 $T = 2.7\ \text{K}$ 的温度，我们得到：

$$T = 2.7(1+z)$$

这意味着宇宙微波背景最后与电离物质（在 $z = 1\ 100$ 处）接触时 $T = 2.7 \times 1\ 101 \approx 3\ 000\ \text{K}$。根据第一个式子得出的标度因子告诉我们这发生在大爆炸后约 360 000 年，被称为"辐射退耦时期"。

另一种方式是利用宇宙微波背景辐射的能量描述相应条件。它由 F 式给出：

$$E = \frac{860\ \text{keV}}{\sqrt{t}}$$

这里的 E 是光以千电子伏特为单位的能量。在辐射退耦时期的开始 $t = 380\ 000$ 年，即 10^{13} 秒，因此 $E = 0.3\ \text{eV}$。这比普通星光的能量略低，因此当时宇宙中闪耀着相当于表面温度 3 000 K 的红色恒星所发出的光芒，而这些宇宙背景辐射光子的能量不足以维持宇宙中物质的电离状态。

宇宙背景辐射（CBR）由大爆炸中产生的光子构成，物质随着宇宙膨胀嵌入其中。大爆炸宇宙学方程令我们能够相对明确地定义温度、密度和标度因子如何随时间变化，从而对这一时期进行研究。由于宇宙背景辐射造成的辐射压远高于物质产生的压力，这段时间被称为"辐射主导时期"。它结束于大爆炸后 380 000 年（$z = 1\ 100$）前后宇宙背景辐射最后与物质接触的"辐射退耦时期"。自那时起，物质造成的压力在控制宇宙膨胀上超过了宇宙背景辐射的影响。这标志着我们如今的"物质主导时期"的开始。

宇宙背景辐射 ▶ 大爆炸产生的光。宇宙背景辐射随时间冷却，如今只能在微波波段被探测到，即宇宙微波背景（CMB）辐射。

威尔金森微波各向异性探测器得到的宇宙微波背景图像显示出复杂的结构

当时的宇宙密度是多少？

当前宇宙中重子物质的密度大约相当于每4立方米的空间中存在1个质子，也就是$4 \times 10^{-31} g/cm^3$。在红移等于1 100时，空间的标度因子只有现在的1 100分之一。这意味着当时的密度是现在的$(1\,100)^3$倍，即约13亿倍。相应的物质密度约为$5.3 \times 10^{-22} g/cm^3$，相当于每4立方米的空间内有13亿个质子。

随着宇宙不断膨胀，宇宙背景辐射的温度持续下降。在$z = 1\,100$前，辐射的能量足以将当时宇宙中由电子、质子以及氕、氘和氦的原子核组成的等离子体维持在电离状态。但在那之后，宇宙背景辐射携带的能量继续下降，原先被电离的原子核吸引了相应数量的电子，从而形成了电中性的原子。

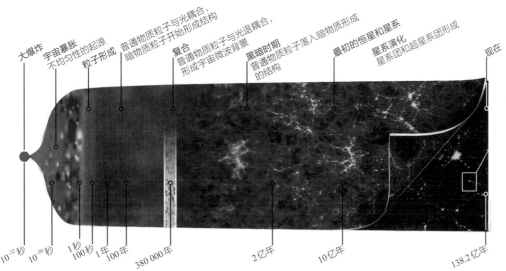

大爆炸 宇宙暴胀 不均匀性的起源 粒子形成 普通物质粒子与光耦合，暗物质开始形成结构 复合 普通物质粒子与光退耦合，形成宇宙微波背景 黑暗时期 普通物质粒子落入暗物质形成的结构 最初的恒星和星系 星系演化 星系团和超星系团形成 现在

宇宙早期历史的时间线

10^{-32}秒　10^{-30}秒　1秒　100秒　1年　100年　380 000年　2亿年　10亿年　138.2亿年

157

黑暗时期

随着宇宙继续膨胀并冷却，宇宙背景辐射的温度持续下降。在 $z = 100$ 的红移上，宇宙背景辐射的温度降至约270 K。它仅存的可见光形式的痕迹在此时消失，并变为温度低得多的红外辐射。最终它将继续冷却至2.7 K，成为前文讨论过的如今探测到的宇宙微波背景。这成为宇宙历史中天文学家所说的黑暗时期的开始。这段时期始于大爆炸后约4 000万年，一直持续到宇宙中最早的恒星出现，天文学家认为最早的恒星从大爆炸后约2亿年开始形成。

在宇宙的黑暗时期，暗物质形成的引力势阱的结构决定了氢原子和氦原子气体的分布。

每克普通物质对应着5克左右的暗物质。因此，普通物质在大尺度上的不规则性（这是星系团和超星系团形成的原因）是由暗物质的不规则性决定的。

随着氢气逐渐冷却，其速度不足以使其逃脱暗物质引力势阱，因而聚集成团。这些气体团中包含的质量能够达到银河系的数百倍，为后续在引力势阱内积聚形成原始星系提供了足够的质量。

随着时间的流逝，这些小星系通过彼此碰撞并合，形成我们如今看到的各种星系，它们仍然被引力束缚在古老的暗物质结构中，这些结构如今被称为星系团和超星系团。如今，我们仍能在包括银河系在内的许多星系的晕中找到原初暗物质的残留物。

最初的恒星

超新星爆发事件的抛射物富含在核聚变过程中形成的各种元素，例如能被轻易探测到的铁、碳和氧。这些重元素首次出现在宇宙历史中，并成为星族Ⅱ恒星的一部分。星族Ⅲ恒星是在紫外波段光度极高的炙热天体，它们能够将周围数百光年的氢原子全部电离。这是大爆炸后紫外线首次出现在宇宙中。宇宙在充满紫外线的同时，进入了天文学家称之为"再电离时期"的第二个阶段。在这一过程中，散落在星际的氢气和氦气被电离，产生存续至今的稀薄的热星际介质。此外，在遥远类星体的光谱中能够探测到未被蒸发的在恒星形成前就存在的黑暗云团，它们被称为"莱曼α云"。

艺术家笔下一颗星族Ⅲ恒星的诞生，它电离了周围的云团

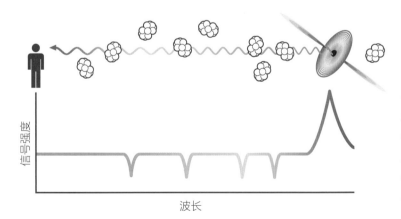

信号强度

波长

存在于我们到遥远类星体的视线方向特定红移（距离）上的每一团气体都会在该类星体的光谱中产生特定的吸收谱线。这些吸收谱线往往数量惊人，在光谱学中被称为莱曼α森林

银河系中最初的恒星

类型	星族Ⅰ	星族Ⅱ	星族Ⅲ
年龄	年轻恒星	古老恒星	第一代恒星
组成	富含金属元素	缺乏金属元素	只有氢、氦和微量的锂
质量	≥1倍太阳质量	>1倍太阳质量	100~500倍太阳质量
位置	旋臂	球状星团	遍布整个宇宙
例子	太阳	SM0313	有待证实

古老的恒星

我们不必望向宇宙深处就能看到最古老的恒星。2017年，天文学家发现了银河系中最早形成的恒星之一。这颗名为SM0313的恒星位于银河系的晕中，距离我们6 000光年，它很可能在大约136亿年前，即大爆炸发生后仅1~2亿年就形成了。该恒星显示出含有大量碳的迹象，因此它一定是在附近的星族Ⅲ恒星（将原初宇宙中的氢和氦加工成了能够探测到的碳和其他元素）爆炸后形成的……

襁褓中的星系

在宇宙的每个阶段，气体的温度及动力学都决定了它们无法支撑自身质量而坍缩为一团团物质云的尺度。冷却的气体优先集中在暗物质形成的引力势阱中。大爆炸后约1亿年，这些云团的质量在10万倍太阳质量到数百万倍太阳质量不等。随着彼此之间不断碰撞与并合，它们逐渐形成名为"原星系"的更大的物质系统。最终，恒星开始在这些原星系的核心形成，令其变得可见。如今，残留下来的原星系可能以不规则星系的形式存在于宇宙之中，例如大小麦哲伦星云。

在宇宙的黑暗时期，暗物质形成的引力势阱的结构决定了氢原子和氦原子气体的分布。

由于碰撞频繁发生，部分原星系中恒星形成的过程非常激烈，很快就引发了最初的恒星群体的出现。这些非常古老的恒星系统对应着我们如今看到的椭圆星系和矮椭圆星系，它们通常只含有缺乏重元素的星族Ⅱ恒星。其他恒星形成过程较为缓慢的原星系则演化为如今的旋涡星系。它们当中混杂着星族Ⅰ和星族Ⅱ恒星，并带有仍能形成恒星的星际云。借助引力透镜效应（参见第62~63页）以及哈勃空间望远镜等各种仪器，天文学家得到了许多原星系的暗淡影像，并着手对它们的性质展开研究。

2016年，天文学家利用哈勃空间望远镜探测到的光谱确认了当时已知最远的星系GN–z11的存在。它位于红移 z = 11.1 处。在大爆炸后仅4亿年，形成我们如今观测到的暗淡星系图像的光就开始了它们的旅程，这个星系在宇宙历史中处于黑暗时期与星系形成时期之间。其大小只有我们的银河系1/25左右，包含的质量仅为银河系的约1%，但形成恒星的速率是银河系的20倍。极高的恒星形成速率意味着它注定成为某个椭圆星系的一部分。

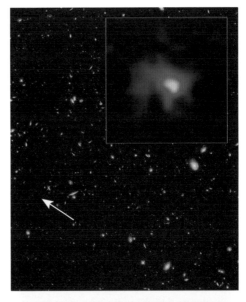

图中的星系EGS–zx8–1当时非常年轻，它形成于大爆炸后仅6.7亿年

已知最远的星系GN–z11

宇宙微波背景测绘

自1989年以来，已有三台卫星探测器先后被发射，以在宇宙背景辐射最强的微波波段对其进行测绘，它们分别是宇宙背景探测器、威尔金森微波各向异性探测器和普朗克卫星，其精度依次提升。探测器不仅极为精确地测量了宇宙背景辐射的温度，还绘制出了它在整个天空中以数角分为精度的变化。

首先可以注意到的特征是我们所在的太阳系和银河系在空间中运动造成的多普勒效应，它很容易在覆盖全天的图像中看到。天空在我们面对宝瓶座运动方向上的半球比背后的半球温度略高。0.003 3 K的温度差异与宝瓶座方向上600 km/s的多普勒位移直接相关：这是巨引源所在的方向。

如果将这种"偶极"多普勒效应去除，并减去宇宙微波背景2.726 K的平均温度，我们就得到了一张强调宇宙微波背景在整个天空中变化的差异图。这张图被称为各向异性图，它揭示了有关物质在宇宙早期历史中分布模式的重要信息。

宇宙背景辐射在穿过物质形成的引力势阱时会失去一部分能量，这部分能量正比于势阱深度。宇宙微波背景观测到的温度差异仅为其2.726 K的平均温度的十万分之一，证实了大爆炸宇宙学中大爆炸过程高度均一的假设。这些温度变化的模式（"各向异性"）是暗物质及普通物质分布在宇宙微波背景中留下的"指纹"。

通过对比宇宙微波背景在天空中距离（以角度为单位）固定的任意两点间的温度差异，并对不同距离上所有的点重复此过程，可以构建出所谓的宇宙微波背景各向异性功率谱。

各向异性功率谱记录下了宇宙在大爆炸后约38万年变得对宇宙背景辐射透明时不同波长上发生的压力变化（声波）。功率谱显示出的各种模式的强度和波长，与早期宇宙中的物理学过程直接相关。对第一个峰的形状、波长及强度的研究揭示了关于时空几何的信息，即宇宙几乎是平直的。奇数峰与偶数峰的比值代表着宇宙中重子的总密度。而第三个峰的位置提供了有关暗物质密度的线索。

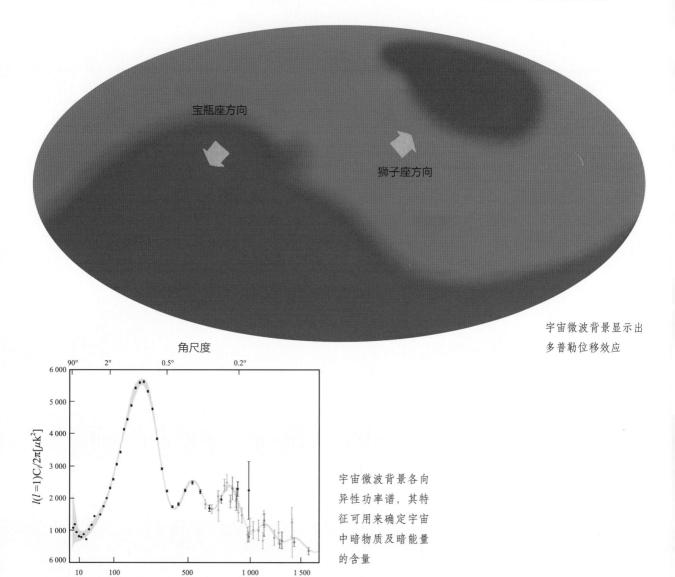

宝瓶座方向

狮子座方向

宇宙微波背景显示出
多普勒位移效应

角尺度

宇宙微波背景各向
异性功率谱，其特
征可用来确定宇宙
中暗物质及暗能量
的含量

多极矩

第十章
原初元素的起源

原初元素丰度—核合成时期—轻子时期—夸克时期—电弱时期—宇宙当时是什么样的?—电弱时期是何时开始的?—暗物质—物质–反物质不对称性

中子和质子

原初元素

夸克时期

电弱时期

元素的形成

重元素

大爆炸

核合成

轻子时期

氢和氦

大统一理论时期

宇宙微波背景辐射

重子–熵比

物质–反物质不对称性

萨哈罗夫条件

原初元素丰度

从20世纪60年代开始，天文学家测量了元素周期表中各元素的丰度，并发展出宇宙中存在两类元素的想法。其中一类是原初元素，成员包括氢、氘、氚、氦、锂和铍。剩下的其他所有元素都被归为重元素。

原初元素 ▶ 氢、氘、氚、氦、锂和铍。

重元素 ▶ 原初元素以外的所有元素。

前文中提到过，科学家认为重元素在恒星演化的过程中形成于恒星的核心，并在超新星爆发时被抛射到太空中。它们与星际介质中的气体和尘埃混合，最终形成下一代恒星。随着时间的流逝，一代代超新星爆发事件令重元素的丰度逐渐上升。这样一来，重元素在最早形成的恒星中丰度最低，而最近形成的恒星更可能拥有较高的重元素丰度。元素丰度因星系而异，甚至可能在同一个星系的不同区域中也有所不同，具体取决于恒星形成的不同阶段。

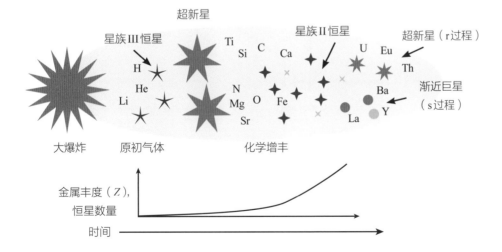

另一方面,原初元素在大爆炸后不久就形成了。通过观测星系中最古老而原始的恒星可以判断原初元素在早期宇宙中的丰度,这样的恒星可以在球状星团、银河系周围的晕以及大多数椭圆星系中找到。全部原初元素中大约包含75%的氢(1个质子)、25%的氦(2个质子和2个中子)以及不到0.01%的氘(1个质子和1个中子)、锂(3个质子和4个中子)和铍(4个质子和3个中子)。合理的宇宙学模型必须能够解释这些原初元素的起源和丰度。

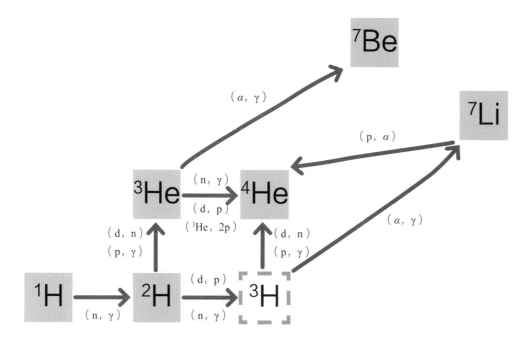

核合成时期(第3分钟到20分钟)

在大爆炸后3分钟到20分钟的这段时间,宇宙中极高的密度和温度令氘、锂、氚和氦这些原初元素的原子核得以形成。核合成时期开始时(大爆炸后3分钟),宇宙中的温度超过7亿开尔文。质子、中子和电子组成的等离子体通过与宇宙背景辐射中的光子不断碰撞,维持着极高的温度。空间中各处的物质密度约

为 7×10^{-6} g/cm³。这只有如今空气密度的 1/100 左右，但当时宇宙中每一处都具有这样的温度和密度。在当时的临界温度上，宇宙背景辐射中的光子恰好有足够的能量通过碰撞分开任何试图形成稳定低质量原子核的质子和中子。

过了大约 3 分钟，质子和中子才能聚合在一起形成氘、氚、锂和氦原子核，此时宇宙背景辐射中的光子携带的能量远低于分裂新形成的原子核所需的能量。随着宇宙在之后的 15 分钟内继续膨胀并冷却，过低的碰撞温度和物质密度无法令比氦重太多的原子核形成。元素形成在铍元素附近停止，冻结了各元素的丰度。此时宇宙中是一团由这些原初元素的原子核、电子、自由中子以及宇宙背景辐射中的光子组成的等离子体。

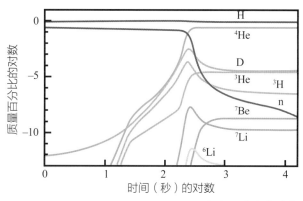

原初元素丰度随着宇宙膨胀而冷却发生的变化

质子是稳定的基本粒子，但中子不是。中子的半衰期是 10 分钟，因此大爆炸后 10 分钟，由于无法产生更多的中子，原初元素形成后剩下的中子很快消失了，只剩下原初元素氢、氘、锂、氚和氦的原子核，以及电子和宇宙背景辐射中的光子。

我们熟悉的物质是如何在大爆炸中起源的故事到这里就可以结束了。借助大爆炸模型，我们解开了又一个宇宙学谜团：为什么在我们能够研究的古老天体中，氢和氦的比例几乎全都是 3:1。以星族 III 恒星为基准，我们也对比氦更重的元素的来源有了大致的了解。但数学上，大爆炸理论让我们能够计算宇宙中以宇宙背景辐射为首的各种温度和密度，从而预测宇宙历史中更早期的事件。我们有义务利用这些数学工具探究大爆炸后的三分钟内宇宙中究竟发生了什么。

轻子时期（第 10^{-8} 秒到 1 秒）

所以，在大爆炸后的最初三分钟内到底发生了什么？要回答这个问题，我们必须超越原子和原子核的尺度，探索物质在宇宙的历史只有 1 秒时那超过 100 亿开尔文的温度下会发生什么。正如物理学

史蒂文·温伯格

美国理论物理学家。温伯格与阿卜杜勒·萨拉姆和谢尔登·格拉肖对统一基本粒子之间的弱相互作用和电磁相互作用做出的贡献令他获得了诺贝尔物理学奖。温伯格1933年出生在纽约市，曾就读于布朗克斯科学高中。他在1957年获得了普林斯顿大学的博士学位。温伯格的研究主要涉及弱相互作用，他对自发对称性破缺进行了研究并合作发展出涉及希格斯玻色子的电弱理论。他编写的教科书《引力和宇宙学》成为几代天体物理学家的必修教材。1977年，温伯格的科普读物《最初三分钟：关于宇宙起源的现代观点》成为畅销书，其中的结语"为了解宇宙而做出的努力，是少数能将人类生活升华至略高于闹剧的水平，并赋予其一丝悲剧性优雅气质的事物之一"引发了持续数年的宗教方面的评论和非难。

家史蒂文·温伯格在20世纪70年代所指出的，我们只有先了解宇宙中物质和能量的深层结构才有望得到问题的答案。对宇宙最初时刻的研究得以逐渐流行起来，温伯格做出了巨大贡献，他不仅发表了各种学术文章，还通过《最初三分钟》一书让公众了解到这一领域的研究。

幸运的是，物理学家发展出的标准模型为研究提供了基础（我们在第四章中讨论过标准模型）。物理学家用"标准模型"一词指代构成宇宙中物质的13种基本粒子（各种电子、夸克、中微子和希格斯玻色子），以及三种基本力和作为其载力子的另外12种负责传播物质粒子间相互作用的基本粒子。

根据大爆炸模型，当宇宙只有约1秒的历史时，宇宙背景辐射的温度接近100亿开尔文。当时宇宙的温度正好足以使光子转化为电子–正电子对，后者可以湮灭形成光子，从而令这种粒子对的产生和湮灭达到平衡。随着宇宙继续膨胀并冷却，温度在几秒后降至这一临界值之下。从那时起，电子–正电子对开始衰变并消失在宇宙中。

在轻子时期，最重的τ子是由宇宙背景辐射产生的。τ子的质量是1.8 GeV，由单个宇宙背景辐射光子生成一对τ子–反τ子需要光子的能量达到3.6 GeV。在宇宙历史只有6×10^{-8}秒、温度高达40万亿开尔文时才有这样的能量。

从τ子形成达到平衡（大爆炸后10^{-8}秒）到电子–正电子对最终衰变（大爆炸后约1秒）之间的这段时间，被称为轻子时期。在轻子时期的最初，宇宙平均密度接近100万亿克每立方

宇宙的温度

在宇宙历史的前38万年，宇宙背景辐射巨大的压力在控制宇宙膨胀中占据着主导地位。它呈现出完美的黑体辐射（辐射光谱仅由黑体的温度这一个参数定义）形式。其温度随时间的变化可以根据大爆炸理论以下式计算：

$$T = \frac{10^{10}}{\sqrt{t}}$$

t是大爆炸发生后以秒为单位的时间，T是以开尔文为单位的温度。由于粒子系统的温度代表着其平均能量，我们也可以用宇宙背景辐射光子的平均能量来表达该式：

$$E = \frac{0.000\,86}{\sqrt{t}}$$

其中光子能量E的单位是十亿电子伏特（GeV）。例如在轻子时期结束时（大爆炸后一秒），宇宙的温度是100亿开尔文，因此宇宙背景辐射中的每个光子携带约0.000 86 GeV，即860 000 eV的能量。这样的能量不足以形成电子–正电子对，此时已知最轻的物质粒子——轻子的产生结束了。

厘米，与较大的原子核密度相仿。

另一个发生在大爆炸后约一秒，即轻子时期终结时的事件是，质子和中子的比例固定在7∶1。在宇宙早期更高的温度下，质子可以通过吸收电子转化为中子。同时，中子也可以通过吸收正电子转化为质子。这两种转化过程直到轻子时代结束都保持着平衡，因为宇宙背景辐射产生了大量电子、正电子、中微子和反中微子。质子与中子之比最初固定在1∶1，但随着宇宙的冷却打破平衡，轻子时期末期产生的正电子变少了。在所谓的中子–质子比冻结时期，比例逐渐变为每个中子对应着7个质子。它们一直是自由粒子，直到宇宙中的温度在核合成时期开始时降至7亿开尔文以下。

质子–中子比

中子–质子比冻结时期

夸克时期（第10^{-10}秒到10^{-6}秒）

我们在第四章中讨论过，描述物质和力如何发生相互作用的标准模型在大型强子对撞机产生的直到13 TeV的能量上被证明是准确的。这意味着我们有关大爆炸早期历史的知识能够追溯到比一秒早得多的时候。

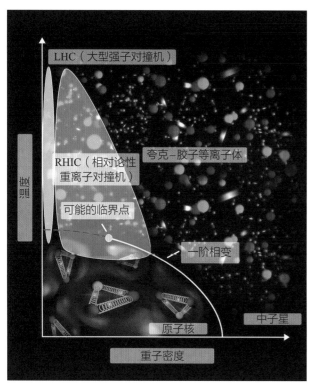

LHC（大型强子对撞机）

夸克-胶子等离子体

RHIC（相对论性
重离子对撞机）

温度

可能的临界点

一阶相变

原子核

中子星

重子密度

夸克–胶子等离子
体随温度和宇宙密
度的变化

根据标准模型，质子和中子是由夸克组成的。夸克之间以胶子为媒介的强相互作用存在一个有趣的特征：随着质子和中子被压缩至更小的空间，相互作用的强度会降低，胶子和夸克开始表现得像是彼此间相互作用很弱的气体粒子。当宇宙的密度超过 10^{14}g/cm^3 时，尽管宇宙背景辐射的温度很高，物质受到的挤压还是令质子和中子融为夸克–胶子等离子体。当时粒子的平均能量超过 1 GeV，宇宙的温度在 10 万亿开尔文。这发生在大爆炸后 10^{-6} 秒左右，接近轻子时期的开始。美国布鲁克黑文国家实验室的相对论性重离子对撞机对夸克–胶子等离子体进行的各种详细研究为我们填补了宇宙历史中相应时期的许多细节。

夸克–胶子等离子体 ▶ 夸克和胶子形成的压缩物质状态，能够在大爆炸极端的温度条件下存在。

电弱时期（第 10^{-36} 到 10^{-12} 秒）

再往前回溯，宇宙早期历史的下一个重要事件发生在电磁力和弱力开始变得不同的时刻，这预示着"电弱时期"的终结。在电弱时期，这两种力看上去几乎完全相同，它们的强度在数值上也无法被区分。根据标准模型，这样的转变发生在得到质量的希格斯玻色子与其他物质费米子和玻色子发生相互作用并导致后者不同程度地获得质量的时候。此前，夸克、胶子、带电轻子、中微子、光子以及 W 和 Z 玻色子都不具备质量。之后，W 和 Z 玻色子得到了很大的质量，但胶子和光子依旧不具备质量。

这种转变发生时的细节仍有待研究，不过我们知道希格斯玻色子被观测到的质量是126 GeV，计算显示希格斯势的形状从对称的电弱真空到如今的真空态的变化似乎发生在100~300 GeV之间。另外，涉及W和Z玻色子的粒子对产生在宇宙背景辐射的能量下降到大约160 GeV以下时就停止了。因此向电弱时期的转变发生在大爆炸后3×10^{-11}秒左右，当时宇宙背景辐射的温度约为2×10^{15}开尔文。

此后宇宙继续膨胀，随着电磁相互作用和弱相互作用之间的对称性在迅速冷却的宇宙中被破坏，二者在夸克时期结束时已然非常不同。往前回溯，随着希格斯玻色子质量越来越小，电弱对称性也变得更为精确。

大型强子对撞机（LHC）的出现让我们能够模拟电弱时期大部分时间的情况，并与标准模型做出的预测相比较。大型强子对撞机的最高能量是13 TeV，对应着大爆炸后4×10^{-15}秒宇宙中1.5×10^{17}开尔文的温度。标准模型在该能量以内的测试中被证明是完全准确的，这意味着它令我们得以接触到大爆炸后0.000 000 000 000 004秒的历史，深入电弱时期，并不断向轻子时期推进。

宇宙当时是什么样的？

首先，宇宙当时的密度远大于如今接近真空的10^{-31}g/cm^3，高达10^{19}g/cm^3，是普通原子核密度的100 000倍以上。在这样的密度下，一个直径和地球相当的由物质构成的球体中能够装下整个银河系的质量。距离我们260万光年的仙女星系当时只是500千米外一团类似大小的物质。换言之，如今我们在附近直到仙女星系10倍距离上看到的整个星系系统，在当时都是不远处被挤压成团的物质。以舒适的步行速度可以在几个月内从构成一个星系的物质所在之处走到另一个星系当时的位置。

因此在大爆炸后的给定时刻，只有尺度小于当时视界尺寸的温度差异才可能被"抹平"。这让我们相信，天空中相隔约一度以上的天体之间还没有发生过热接触，因为没有足够的时间令光子在它们之间被交换以使温度变得平滑。宇宙背景探测器和威尔金森微波各向异性探测器探测到，宇宙微波背景辐射数据在整个天空中显现出近乎平滑的温度，这意味着必须有某种过程几乎在大爆炸的瞬间消除了温度差异。而这发生在电弱时期之前。

以主要时期划分的
宇宙早期历史

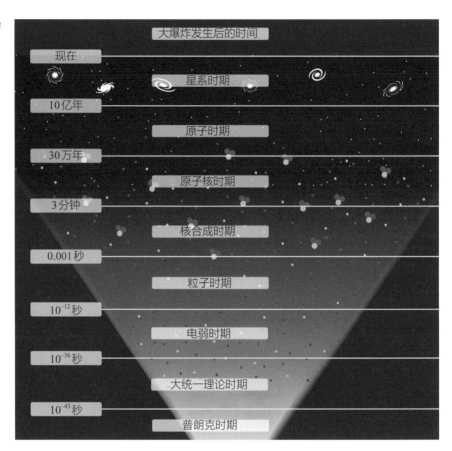

电弱时期是何时开始的?

　　标准模型的扩展理论所预测的下一个事件是三种力在大统一理论（GUT）时期的统一。大统一理论时期结束于强力与定义了电弱时期的电弱"统一"力彼此独立的时刻。我们将在下一章讨论这一重要事件。这种转变发生在大爆炸后约10^{-36}秒。我们据此估计电弱时期始于大爆炸后约10^{-36}秒，持续至大爆炸后

约 10^{-12} 秒。与此同时，我们至少还面对着两个尚未解决的问题。

暗物质

我们之前提到，除了构成现代宇宙约70%的暗能量之外，暗物质占据着剩余引力物质中的主导地位，约为普通物质的5倍（26%的暗物质和5%的普通物质）。如果暗物质是新类型的粒子，它们在夸克时期和电弱时期是怎样的？目前为止的所有计算只考虑了标准模型中普通物质之间的相互作用。然而即使出发点受到限制，我们对大爆炸后 10^{-15} 秒开始的粒子相互作用事件的详细描述还是在不带有任何涉及暗物质粒子相互作用的修正的情况下准确预言了中子–质子比、原初元素丰度以及轻子世代数（丰度与最多三个世代吻合）。我们还知道暗物质粒子（如果它真的是粒子）与标准模型粒子之间的相互作用很弱，并且这些粒子很可能质量极大，每个粒子的质量至少在数个 TeV 以上。

标准模型相互作用

这表明，大爆炸发生后 10^{-15} 秒内，在电弱时期，宇宙背景辐射造成的暗物质粒子的物质–反物质对的生成和湮灭应该就已经结束了，残留的暗物质粒子之后将只与标准模型粒子发生非常微弱的相互作用。这意味着对从夸克时期开始到核合成时期发生的所有事件而言，暗物质仿佛并不存在。暗物质粒子对这些过程的唯一意义在于其引力效应对宇宙膨胀速度的影响。不过，涉及暗物质的相互作用在电弱时期刚开始时或许很重要，并在电弱时期前形成过一段更早的暗物质时期。

暗物质的角色

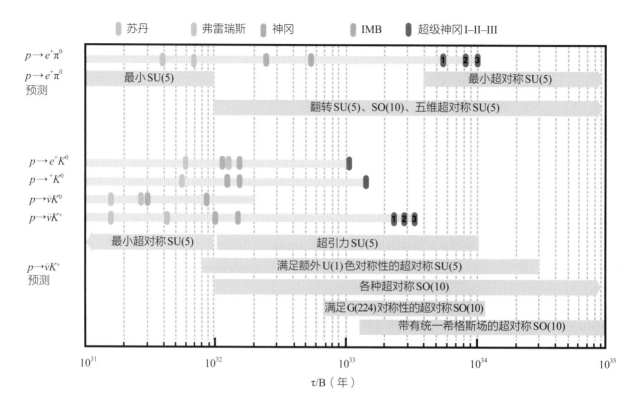

一些实验结果显示质子的寿命超过约 10^{33} 年

物质−反物质不对称性

标准模型已经在 13 TeV 内的能量上得到了测试，基于实验数据，我们还可以更进一步。在大爆炸后 4×10^{-15} 秒，能量达到标准模型的极限（大型强子对撞机 2018 年前后的测试），未来随时间逐渐冷却的宇宙此时密度极高，当中填满了夸克、轻子、玻色子及相应的反粒子这些没有质量的基本粒子，它们在与宇宙背景辐射光子的相互作用中不断产生并湮灭。这一过程中并没有形成标准模型基本费米子和玻色子以外的新粒子。持续发生的碰撞会拆散可能出现的其他复合粒子，使其寿命无法超过宇宙当时的年龄。如今，我们面对着两个非常基本的问题：宇宙背景辐射从何而来？为什么宇宙中的物质多于反物质？

天文学家将宇宙中的重子与光子之比称为"重子–熵比"，威尔金森微波各向异性探测器任务得到的结果显示，每个光子对应着6.1×10^{-10}个重子。考虑到宇宙膨胀时密度的变化，可以定义更准确的"重子–光子密度比"，其比值为10^{-8}。这意味着每1亿个反夸克对应着1亿零1个夸克。

将宇宙背景辐射中光子的数量与宇宙中重子（质子加中子）的数量进行对比，会发现每个重子对应着大约10亿个光子。这说明宇宙中重子（物质）与反重子（反物质）的数量并不相等——重子比反重子多十亿分之一。这一比例自电弱时代起基本是恒定的。部分光子参与了不同阶段的粒子对生成过程，但当此类事件不再处于平衡后，总光子数并没有发生很大变化。在物质–反物质对称的宇宙中，如果物质和反物质的量完全相等，就不会有剩余物质形成恒星和星系，只会剩下光子构成的稀薄而冰冷的气体。

重子–反重子比

我们尚不了解为什么宇宙中的物质比反物质多十亿分之一，不过科学家已经探索了多种机制。这些机制不会发生在电弱时期结束（10^{-12}秒）后，而大型强子对撞机目前没有在13 TeV以内发现任何不符合标准模型的不寻常的事件。该能量对应着大爆炸后10^{-15}秒的时间，造成物质与反物质不平衡的过程必须发生在这之前。这些过程是什么样的？理论上，若想令始于平衡态的系统形成过量的净重子数，需要满足苏联物理学家安德烈·萨哈罗夫在1967年提出的三个"萨哈罗夫条件"。

之前　　　　　　　　　　　　　　　　　　之后

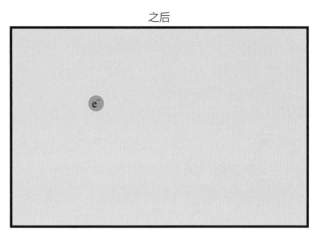

在10亿个物质–反物质对湮灭后，剩下了一个物质粒子。早期宇宙中物质与反物质粒子的数量并不完全相等

条件1→诸如粒子衰变及粒子形成等反应必须本来就能产生比反重子更多的重子。

条件2→电荷共轭对称性和CP对称性必须被打破。满足电荷共轭对称性意味着，如果在某个反应中带正电的粒子能够生成带负电的粒子，那么必须存在相应的由带负电的粒子生成带正电的粒子的相互作用。由于物质和反物质带有相反的电荷，生成更多重子的相互作用不能被生成更多反重子的相互作用抵消（通过将电荷C变为–C），否则净重子数会是零。另一方面，CP对称性要求在同时反转相互作用中粒子的电荷（C）和手性（P）后仍能得到被允许的过程。若要生成比反重子更多的重子，必须违反CP不变性，因为重子和反重子的"手性"（宇称）无法抵消。

条件3→相互作用不能处于平衡状态。生成重子与生成反重子的反应不能完全达到平衡。大爆炸带来的膨胀很容易满足这一条件，因为宇宙的温度和密度都在随时间不断下降。在能量降低至某一个临界能量以下后，粒子对将只能衰变而无法形成。例如，生成电子–反电子对需要能量在

萨哈罗夫条件

条件一 ▶ 重子数不守恒

条件二 ▶ 电荷共轭对称性和CP对称性被打破

条件三 ▶ 热力学非平衡态

1 MeV 左右的光子。电子与反电子随后结合并湮灭。但当温度降至 1 MeV 以下时，就无法再生成这样的粒子对了。因此，随着宇宙膨胀并冷却，粒子对的生成和湮灭不再处于平衡状态。

安德烈·萨哈罗夫

被誉为苏维埃氢弹之父的萨哈罗夫出生于1921年，作为一名核物理学家，他在20世纪40年代末参与了核聚变设备的研发。萨哈罗夫在1950年提出了托卡马克受控核聚变的理念，并在1965年之前将研究方向转回了他最初热爱的宇宙学。萨哈罗夫对大爆炸物理学和当今宇宙中的物质–反物质不对称性问题尤其着迷，他于1967年发表了所谓的萨哈罗夫条件，还探索了满足CPT定理的奇异宇宙学理论。理论中有两个在大爆炸奇点处相连的"薄片状"宇宙，一个由物质占据主导地位，另一个则以反物质为主。

关于条件1，标准模型中没有能够改变重子数的过程。质子是最稳定的重子，重子数的改变意味着质子必须发生衰变。质子可以衰变至中子，但由于两种粒子都是重子，重子数在衰变过程中保持不变。当前观测将质子半衰期的下限定在了 10^{34} 年以上。质子会优先衰变至电中性的 π 介子和正电子，然后 π 介子会衰变成两个光子，因此质子衰变的最终产物包括一个正电子和两个光子。重子数在衰变过程中从1变为0，因而不再守恒。尽管大统一理论和超对称理论为质子衰变提供了各种可能，但目前还没有任何机制得到实验证实。物理学家排除了此类理论一些不成功的版本，因为它们预言的质子衰变速度超过了当前实验给出的上限。

关于条件2，物理学家1964年在中性K介子的衰变中观察到了对CP对称性的破坏。存在两种K^0介子，它们的静止质量都是497 MeV。不过其中一种K^0介子（K^0短）的半衰期只有9×10^{-11}秒，而另一种K^0介子（K^0长）的半衰期则是5×10^{-8}秒。这导致在K^0介子的衰变中生成的重子比反重子略多，但其比例不足以解释宇宙学中观测到的十亿分之一的差异。

关于条件三，非平衡态意味着宇宙的膨胀必须比所涉及的反应发生的速率更快，从而令粒子–反粒子对的生成率随着宇宙冷却而降低，无法维持二者数量上的平衡。理论上这一条件可以在大爆炸期间得到满足，只要相应过程存在某种维持物质和反物质丰度平衡的临界能量（只有在该能量以上才能暂时达到平衡状态）。

目前，标准模型和大爆炸宇宙学中没有任何机制被实验证实能够在电弱时期开始前满足萨哈罗夫条件，并生成比反物质多十亿分之一的物质，以解释我们由物质主导的宇宙。

视界问题

　　宇宙在大爆炸发生后的最初时刻以极快的速度膨胀，由此引发了一些严重问题，包括宇宙学视界以及物质和宇宙背景辐射在膨胀中保持的高度均一性。在电弱时期，当宇宙只有 4×10^{-15} 秒的历史时，空间中的每一点都只能获取周围 4×10^{-15} 秒 $\times 3\times10^{10}$ 厘米/秒 $\approx 0.000\ 1$ 厘米内的信息。根据宇宙当时的推测密度，该视界半径内只存在约 18 000 千克的物质。这样的密度不会带来什么有趣的现象，但足以令数量惊人的基本粒子以极快的速率发生相互作用。

艺术家绘制的大爆炸发生后不到10亿年的年轻星系。早期宇宙的快速膨胀带来了宇宙学视界难题

寻找宇宙中的反物质

1928年，保罗·狄拉克发现了反物质。1932年，卡尔·安德森在宇宙射线中发现了正电子。自那之后，宇宙学一直面临着这一难题：为何我们生活在由物质主导的宇宙中，而不存在与之相当的反物质？

物质与反物质接触会产生大量伽马射线光子。如果银河系中聚集着大量反物质，我们应该很容易探测到这种辐射。然而天文学家只观测到了空间中个别粒子碰撞形成的少量反物质。

一种解释反物质缺失的理论是，物质和反物质在空间中以某种方式被隔开，距离地球最近的反物质或许在数百亿光年外而无法被探测到。已知的物理机制无法造成这种现象，因此宇宙学家还在寻求其他解释。

另一方面，尽管对伽马射线湮灭辐射的搜寻尚无结果，以安德烈·萨哈罗夫为代表的理论物理学家在20世纪60年代曾考虑过这样的可能性：我们宇宙中紧随大爆炸事件之后发生了某些更倾向于生成普通物质的过程。标准模型内外或许也存在某些机制，能够在粒子衰变中生成比普通物质更多的反物质。

右页：保罗·狄拉克关于原子理论的工作令他获得了1933年的诺贝尔物理学奖。但在那之前他或许已经做出了更重要的发现——狄拉克预言了反物质的存在

第十一章
暴胀宇宙学

对称性—真正的真空—伪真空—暴胀宇宙学—再热和优雅退出—暴胀的证据—暗能量

真正的真空

希格斯势

视界问题

卡西米尔效应

对称性破缺

量子隧穿

平直性问题

暴胀宇宙学

兰姆位移

伪真空

大撕裂

量子涨落

暴胀子场

对称性

我们在上一章开始了通往宇宙大爆炸的旅程，从此刻出发一直向前回溯到电弱时代——当前实验能达到的条件相当于大爆炸后约 4×10^{-15} 秒。在这样的时刻，有关宇宙成分的传统理解开始受到挑战。我们不知道以超过10亿：1的比例压倒了物质粒子的宇宙背景辐射光子从何而来；我们不知道在物质与反物质本可以对称的宇宙中为何剩下了一丁点儿物质；我们也不知道暗物质粒子是如何出现在了宇宙历史中，并成为其中物质的主要形式。

物质的主导地位

至于标准模型本身，我们对其中许多可调整的量都并不了解。比如是什么决定了轻子及夸克世代的数量，又是什么决定了希格斯玻色子与各种粒子发生相互作用并赋予其独特质量的方式。想了解宇宙中这些情况的成因，我们似乎除了探索更遥远的景观外别无选择，这些景观当中充斥着现阶段基本没有确凿数据支撑的理论思想。

20世纪70年代，第七章中提过的对称性语言被引入宇宙学研究，因为它是物理学家用来描述影响了早期宇宙中物理事件及条件的力和粒子的语言。物理学家将各种力和粒子之间的转换视作一系列相变，就像水蒸气会在特定的温度凝结成液体，又在更低的温度冻结成冰。在膨胀并冷却的过程中，宇宙也被看作经历了一系列发生在特定温度（能量）下的"冻结"，其中力和粒子之间的对称性逐步遭到破坏。

冻结

在如今的宇宙中，U(1)、SU(2) 和 SU(3) 对称性都是破缺的，它们代表的三种力——电磁力、弱力和强力，各自具有不同的强度和性质。

U(1) ▶ 电磁力	
SU(2) ▶ 弱力	
SU(3) ▶ 强力	

但在电弱时期，宇宙的温度高达约1万亿开尔文，这时电磁力和弱力就变得很相似。用新的对称性语言来说，宇宙中代表电弱力的SU(2)×U(1)对称性变得"对称"，但SU(3)代表的电弱力与强力之间的对称性仍是"破缺"的。这意味着在此之前事实上存在两种不同的力，分别由SU(2)×U(1)和SU(3)代表。物理学家在20世纪70年代中期意识到，SU(5)之类的对称群包含了U(1)、SU(2)和SU(3)的对称性，因此可以假设宇宙早期有一种新的对称性逐步破缺的过程。

宇宙的物理真空态

海森堡不确定性原理（$\Delta E \Delta T \geq h/4\pi$）告诉我们，如果想说一个空间是完全真空的（$\Delta E = 0$），只有在对它进行了无限长时间的观测（$\Delta T = \infty$）后才能做出这样的论断。对于任何更短的观测时间而言，空间都带有由虚过程带来的一些潜在能量。例如，电子–正电子对可以突然出现，带有 $\Delta E = 2mc^2 = 1.2$ MeV 的能量。但为了不违反海森堡不确定性原理，它只能存在 $\Delta T = 2.7 \times 10^{-22}$ 秒。更长的寿命会违反海森堡不确定性原理，而我们也将观测到粒子对形成并消失，这样的现象违反能量守恒定律。在量子场论中，这一类虚过程可以极其复杂，只要它们的能量和存续时间满足海森堡不确定性原理的要求。量子电动力学、量子色动力学以及弱相互作用的整个理论基础都依赖于海森堡不确定性原理的准确性，而这些理论的预言均在极高精度上得到了证实。只要虚粒子过程始终停留在宇宙的"草稿纸"上，就不会出现问题。然而在卡西米尔效应等过程中，我们能够在实验室条件下观测到这种虚真空作用的直接后果，后文将对此进行更详细的讨论（参见第196页）。

极端高温下的物理学由彻底统一了强力、弱力和电磁力的完整SU(5)对称性描述。这种情况一直持续到SU(5)对称性在宇宙膨胀并冷却的过程中破缺为相互独立的SU(3)和SU(2)×U(1)对称性，从而将强力与电弱力分开。这标志着电弱时期的开始。之后，电弱对称性SU(2)×U(1)在1万亿开尔文的温度下破缺，形成彼此独立的SU(2)和U(1)对称性，弱力和电磁力也因此得到区分。电弱时期就此结束。

真正的真空

在想象空的空间时，我们设想当中去除了所有基本粒子和诸如电磁场一类的自由场，什么也不剩，除了难以用语言描述的三维空间结构。广义相对论认为空无一物的三维空间也不是真实的存在，而是引力场的表现。如果我们试图除去交织其中的引力场，只会将空间本身抹消。但在此之前，量子力学（特别是量子场论）告诉我们，这个空间中充满了无数不断出现又消失的虚粒子以及各种难以解释的现象。

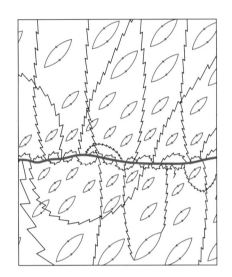

真空中充满了影响量子系统（如粒子和原子）的虚过程

令真空不稳定的希格斯场决定了真空的能量

伪真空

我们在第五章提到过，大统一理论（GUT）中强力和电弱力之间的对称性由于超大质量希格斯玻色子的作用被破坏。像其他所有粒子一样，希格斯玻色子是其自身希格斯场的量子，类似于光子是电磁场的量子。任何电磁场都有一个源，它可以是带电的电子和原子，也可以是一台播报晚间新闻的无线电发射器。不过，希格斯玻色子是一种不带任何量子自旋的粒子。当我们用广义相对论的数学语言描述这些场时，它们出现在整个时空中，而不是只作为具体的孤立点源存在。每立方厘米的空间中都隐藏着希格斯场的一部分。由于希格斯场在空间各处具有相同的性质，无论在地球上还是在我们所能看到的最遥远的星系中，它都以完全相同的方式与物质进行相互作用。

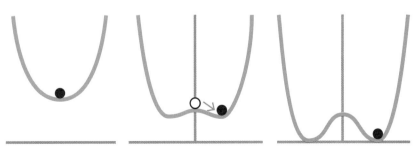

构成希格斯场的量子粒子（希格斯玻色子）也能与自身发生相互作用。这种自相互作用的效应类似于势能，相互作用越强，势能就越大。根据海森堡不确定性原理，真空中可以存在通过这种机制出现并消失的普通虚粒子，真空也可以带有由其后隐藏着的希格斯场决定的平均势能。数学上，这种希格斯真空能量由所谓的希格斯势表示，它具备一些有趣的特征，取决于相互作用的能量。后者可以通过增加或减少空间中其他粒子的碰撞能量（即调整量子系统的温度）而改变。第185页的插图展示了特定版本的大统一理论对称性破缺事件附近一些具有代表性的希格斯势。

真空能量▶ 真空依据海森堡能量–时间不确定性原理所隐含的能量。

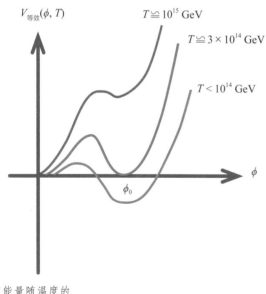

真空能量随温度的
变化

在宇宙中的温度（能量）非常高时，图中红色曲线的最低点在 $\phi = 0$ 处。希格斯玻色子的质量取决于 ϕ，这意味着希格斯玻色子在 10^{15} GeV 以上的极端高温下不具备质量。其他粒子也无法与它发生相互作用并获得质量，我们因此处在完整的 SU(5) 对称性中。当温度降至 3×10^{14} GeV 以下时，希格斯玻色子会获得 $\phi = \phi_0$ 的质量。随着宇宙进一步冷却，希格斯场由于不存在更低的能量态将一直处在 ϕ_0 的位置。从那时起，物理学取决于希格斯玻色子的质量，它决定了强力与电弱力之间的差异。可以想见，现实中的情形会更加复杂。如果希格斯势有任何图中那样的不平整之处，随着系统（宇宙）继续冷却，将发生非常有趣的现象。

高能下处于对称态的系统可以从 $\phi = 0$ 附近开始演化，但粒子或许无法跟上希格斯场变化的速度。随着希格斯场在 $\phi = \phi_0$ 处能量更低的最小值稳定下来，粒子系统可能仍被困在 $\phi = 0$ 附近。上页图中，粒子系统的真空态被困在真空势能的一处最低点，而希格斯场稳定在另一处最低点。二者之间隔着一道能垒。物理学家称 $\phi = \phi_0$ 处的真空态为真正的真空（真真空），$\phi = 0$ 处的态则是伪真空。粒子系统会如何反应呢？

我们可以在放射性衰变模型中看到类似的情况，模型中的原子核会通过量子隧穿效应突然射出 α 粒子。粒子穿过能垒所需的时间取决于能垒的高度及粒子能量。

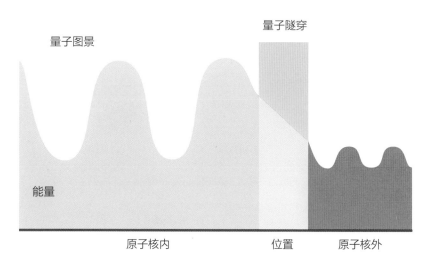

量子隧穿

量子图景

能量

原子核内　　　　位置　　原子核外

α 粒子在原子核内的波函数由能垒左侧振幅很大的正弦波表示。横线上方的高度代表 α 粒子在原子核中的能量。原子核的能垒由黄色矩形表示，其高度是能垒的能量，宽度则大致代表着原子核能垒的厚度。因为能垒的能量不是无限的，α 粒子的波函数一定会泄漏到原子核之外，由能垒右侧振幅较小的正弦波表示。α 粒子波函数的振幅在能垒内部呈指数式衰减。能垒越薄，振幅衰减的程度越小，原子核内外的波函数也越相近

量子隧穿 ▶ 量子力学中，电子等粒子穿过它们在经典物理学中无法越过的能垒的现象。根据海森堡不确定性原理，粒子有一定的概率通过"隧穿"到达能垒的另一边。

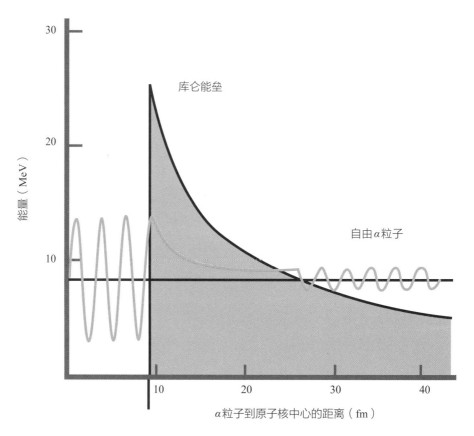

α粒子即便不具备足够的能量，也可以通过量子隧穿逃离原子核

　　两个态之间的能量差越大，系统隧穿至由分开的原子核及α粒子构成的低能态所需的时间就越长。物理学家认为这同样适用于希格斯粒子。伪真空中的粒子终将穿过希格斯能垒抵达真真空。得到这种情况最简单的方法是令真真空的气泡在伪真空中形成。气泡彼此并合，完成从伪真空到真真空的过渡，但这要怎样应用在宇宙学中呢？

阿兰·古斯

　　美国理论物理学家阿兰·古斯1947年出生在新泽西州的新不伦瑞克，他于1972年获得麻省理工学院的物理学博士学位。之后在1972—1979年间，古斯先后在普林斯顿大学、哥伦比亚大学、康奈尔大学和斯坦福大学任职。在康奈尔大学及斯坦福大学任职期间，古斯对宇宙在大统一理论时期结束后很快发生相变的后果进行了研究。他和戴自海发现，随着伪真空转变为真真空，空间将经历指数式膨胀，"暴胀"至巨大的尺度。这样的暴胀不仅会减少宇宙中磁单极子的数量，解释当前时空的平直性，同时还能解决视界问题。这一结果以及其他有关暴胀宇宙学的研究令古斯与安德烈·林德和阿列克谢·斯塔罗宾斯基一同获得了2014年的卡弗里奖。

阿兰·古斯开发的宇宙暴胀理论解决了视界问题

　　斯坦福大学的物理学家阿兰·古斯在1979—1981年间探索了如何将大统一理论中这种希格斯真空能量效应用于大爆炸宇宙学研究，得到的结果让他非常惊讶。一些技术原因令物理学家相信，这种真空能量并不是普通的希格斯玻色子造成的，而要归功于一种名为"暴胀子场"的标量场。

暴胀子场 ▶ 一种理论中的标量场，它可能在宇宙早期推动了宇宙暴胀。

暴胀宇宙学

暴胀子场

　　"暴胀子场"ϕ的值与爱因斯坦的宇宙学常数Λ直接相关。当$\phi = 0$时（真真空的情况），宇宙学常数的值为零，宇宙根据弗里德曼的"大爆炸"解预测的哈勃速度正常膨胀。但当ϕ不为零时，宇宙将经历量子隧穿到达真正的真空态。宇宙学常数在这段时间中是非零的。这意味着宇宙并不随时间以哈勃速度线性膨胀，而是根据爱因斯坦–德西特宇宙学模型的预言发生指数膨胀。因此宇宙的尺寸每过一段时间就会翻倍。这为如今宇宙背景辐射在整个天空中均匀的温度提供了解释。我们在

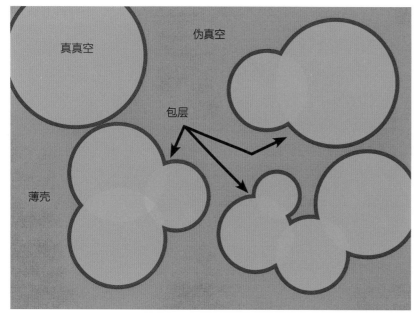

真真空　　伪真空

包层

薄壳

量子隧穿

　　宇宙暴胀时期的时长只取决于伪真空过渡至真真空的速度，这由两个真空态之间的势能差决定。

　　古斯最初的计算显示，如果大统一理论的SU(5)对称性在大爆炸后10^{-35}秒$E_{\text{GUT}} = 10^{15}$ GeV的能量附近开始破缺，那么根据希格斯势的具体形状，暴胀可能持续到大爆炸后10^{-33}秒$E = 10^{14}$ GeV的能量才结束。如果粒子之间的初始距离是10^{-33}厘米（被称为普朗克尺度），仅仅在大爆炸后10^{-35}至10^{-34}秒之间，它们之间的距离就将翻144番，达到$a(t) = 10^{-33} \times 2^{144} = 10^5$千米。值得注意的是，此时（$10^{-34}$秒）的视界大小仅为$10^{-24}$厘米，远远小于暴胀后这块量子区域中出现的物质的尺寸。

伪真空通过形成相互融合的气泡转变为真真空

随着球体变大，它的表面看上去越来越平坦（没有曲率）

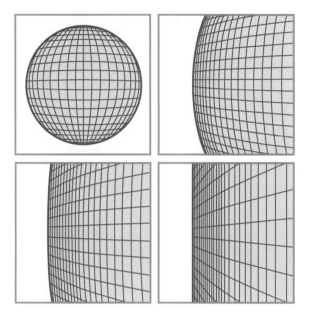

附近的宇宙中看到的一切都来自暴胀前时空中一块很小的量子区域，当中各种物质与辐射的温度和物理性质都非常相似。

一旦宇宙完成隧穿，随着真空能量再次落回零，宇宙将恢复之前的哈勃膨胀。这段宇宙尺寸不断翻倍的时期被称为"宇宙学暴胀"。科学家对暴胀的具体性质及持续时间进行了大量研究，不仅因为宇宙学观测有助于定义这一现象，更因为它可以直接被应用在统一自然界各种基本力的理论中。古斯很快意识到，这种机制能够解决宇宙学中两个非常重要的问题：平直性问题和视界问题（参见第179页）。

宇宙学暴胀

平直性问题

平直性问题与当前基于观测的宇宙学模型有关，观测显示我们宇宙的空间（时空）几何十分平直。但如今的宇宙怎么会如此平直？暴胀给出的答案可以用球面作为类比来理解。

起初，球面看上去非常弯曲，但随着我们放大球体的尺寸，它的表面看上去也越来越平坦。暴胀通过令一开始曲率很大的时空急剧扩张实现了类似的效果。

另一个问题涉及宇宙背景辐射如今的温度，它在天空中的温度分布非常平滑，不同位置间的差异不足1/100 000。普通的大爆炸宇宙学无法解释这样的现象：当前天空中距离超过一度的区域理应没有相互接触过，它们的温度较之2.7 K的平均值应该存在很大差异。

暴胀令宇宙中的小块区域不断地翻倍扩张，直到其尺寸远超如今视界的限制，我们将宇宙的这段历史称为"暴胀时期"。

如今这块区域的大小可能是我们半径140亿光年的视界的数千乃至数百万倍，因此我们在当中观测到的温度十分均匀。其他更遥远的时空区域当前的温度可以是3.2 K、5.8 K或0.5 K，由暴胀时期具体的统计学差异决定。

再热和优雅退出

暴胀宇宙学最初的理论存在一个问题：理论没有提供足够优雅的方式令暴胀停止并过渡至大爆炸宇宙学预言的普通哈勃膨胀。亚历山大·维连金、保罗·斯坦哈特和安德烈·林德等物理学家在新提出的暴胀宇宙学模型中加入了看似能够解决"优雅退出"问题的效应。

首先，理论中的暴胀并非由某种与普通电弱希格斯场类似的场驱动，而是新的"暴胀子"场。这种区分是必要的，因为理论预言的超大质量希格斯粒子与物质之间的相互作用过于强烈，会导致宇宙内爆而不是膨胀。需要一种与物质之间的相互作用比其弱得多的场来引发宇宙暴胀。

其次，绝大部分版本的大统一理论及超对称理论都预言了额外的大质量粒子家族，其质量接近 10^{15} GeV 的大统一能量。这些独特的粒子同时具有轻子和夸克的性质，因此常常被称为"轻子夸克"粒子。这种混合属性令其可以将夸克及轻子相互转化，从而破坏重子数守恒。随着时间的流逝，这些粒子可以使质子与我们周围的万物一同衰变。

轻子夸克粒子

最后，暴胀子场中的量子涨落会导致超大质量粒子–反粒子对的产生。这似乎限制了暴胀子场的强度，令暴胀逐渐减弱。这些超大质量粒子对的湮灭也产生了宇宙背景辐射及标准模型中的主要粒子，并让宇宙经历了再热，不过最终达到的能量不同于大统一能量。超大质量希格斯玻色子及轻子夸克玻色子的衰变并不对称，这或许是物质–反物质不对称性的起源。

超大质量粒子对

> **量子涨落** ▶ 粒子能量暂时变化或高能粒子凭空出现（受海森堡不确定性原理约束）的现象。它允许虚粒子–反粒子对的形成。

另外，暴胀子场中的量子涨落带来了膨胀中各区域内物质密度的差异，这是我们在宇宙微波背景各向异性谱以及如今宇宙内星系分布中看到的结构的起源。事实上，普朗克卫星和威尔金森微波各向异性探测器在宇宙微波背景中观测到的各向异性谱，与暴胀宇宙学的预言几乎完全吻合，这被视为支持该理论的有力证据。

暴胀的证据

在暴胀前大统一理论时期的尺度和能量下，物质密度的差异由量子力学决定。暴胀过程中，密度上的量子涨落被大幅加强，导致物质分布中出现各种不规则性。理论预测，不同尺度上不规则性的强度将形成特定的谱，这样的差异会在宇宙背景辐射中（特别是在1度以上的角尺度上）留下痕迹。2006年，对普朗克卫星和威尔金森微波各向异性探测器相关数据的详细研究证实，在宇宙微波背景中观测到的不规则性几乎完全符合暴胀理论的预言。目前没有其他理论可以简单地解释这一观测现象。事实上，斯隆数字化巡天计划在其观测到的大尺度星系结构中也发现了这样的暴胀谱。

不规则性

未来，物理学家期望通过观测宇宙微波背景偏振中的"B模式"对宇宙膨胀的暴胀阶段进行更多检验。B模式形成于时空中引力辐射造成的不规则性对宇宙背景辐射光子的散射。探测到合适程度的B模式将成为有关暴胀以及大爆炸发生后 10^{-34} 秒前存在大量引力辐射的有力证据。宇宙河外偏振背景成像（BICEP2）项目（由10所北美洲大学合作运行）在2014年初步确认了这种偏振效应，但数年后，该项目的结果被认定不具备足够的说服力。

B模式

暗能量

我们并非只有在暴胀时期才能看到这种真空能量现象的效应。在威尔金森微波各向异性探测器和普朗克卫星数据中发现的暗能量，以及在有关Ia型超新星的研究中探测到的加速膨胀显示，我们如今生活在一个新的暴胀时期。这可能是由原初暴胀势 ϕ 中的新皱褶或另一种新的宇宙学标量场引起的。

暗能量的发现

宇宙当前的这种加速膨胀可能造成相当严重的后果。如果它一直持续，理论预测500亿年后银河系将成为我们周围仅剩的可见星系。周围所有其他星系都将被空间的加速膨胀带到非常遥远的距离以外，变得太暗而无法观测到。如果这一过程继续下去，在遥远的未来，空间的膨胀效应会持续增强，直至我们的银河系被撕裂，当中的所有恒星、行星甚至原子系统也将随着时空本身的逐步解体渐渐膨胀并撕裂。天文学家将这种惨淡的未来称为大撕裂。不过要通往这一结局，我们当前的伪真空态必须持续数百亿年，所需的稳定程度难以想象。更可能的未来是，我们所在的伪真空态将随着新的暴胀子场跌入较低能级而衰变至真真空态。

大撕裂

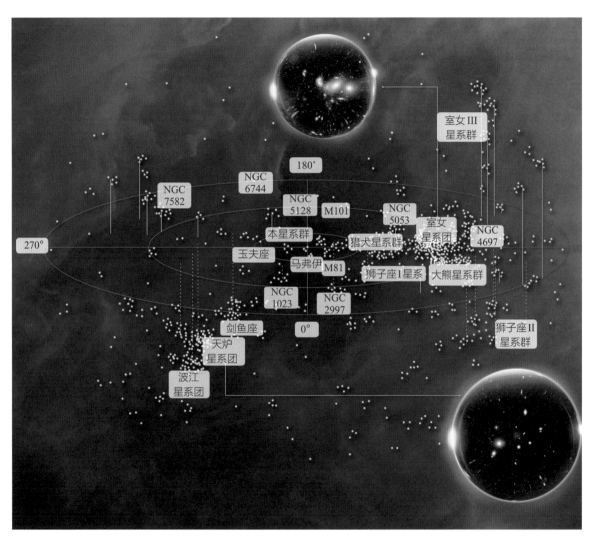

暴胀子场中的量子不规则性带来了如今的星系群结构

测量真空

当海森堡不确定性原理与相对论相结合时，测量真空时得到的能量恰好为零的不确定性被一个充斥着各种短暂携带能量及质量的虚粒子和虚过程的不断涨落的量子海洋所取代。这些虚过程的效应不仅可以借助标准模型进行精确计算，也在诸如电子等粒子的性质中得到了直接测量。在原子中，电子的能量会略微降低，引起所谓的兰姆位移。

真空中存在虚粒子的另一个明显例子是卡西米尔效应。将两块导体板平行放置在以微米为尺度的极近距离上：导体板外部是正常的虚真空，而二者之间的真空不允许波长与其间隔相似的虚过程发生。这意味着两块导体板之间的虚过程比外部要少，并会在二者之间形成一种能够以虚真空模型精确计算的吸引力。

一个有趣的问题在于，卡西米尔效应是否存在有意义的应用。我们能否利用它从真空中"窃取"能量来做功并生成能量？作为只取决于导体板间隔的斥力，卡西米尔力是一种保守力。这表示时空中不存在任何能够利用这种力产生净能量的路径。历史上许多人提出过试图利用真空"零点能"的系统，但在仔细研究它们提取能量的过程后总能发现其漏洞。

零点能 ▶ 量子力学中物理系统在基态中可能达到的最低能量。由于海森堡不确定性原理的存在，这一能量高于经典物理学所允许的最低能量。

普林斯顿大学的亚历杭德罗·罗德里格斯认为，卡西米尔效应确实存在一种涉及生产低摩擦力纳米机器和齿轮的有效潜在应用。在通常制造这些设备的尺度上，卡西米尔效应的强度恰好开始能与摩擦力相提并论。卡西米尔力造成的微弱吸引效应可以被精心设计成一种用来克服纳米零件部分摩擦力的斥力，从而提高零件的效率。

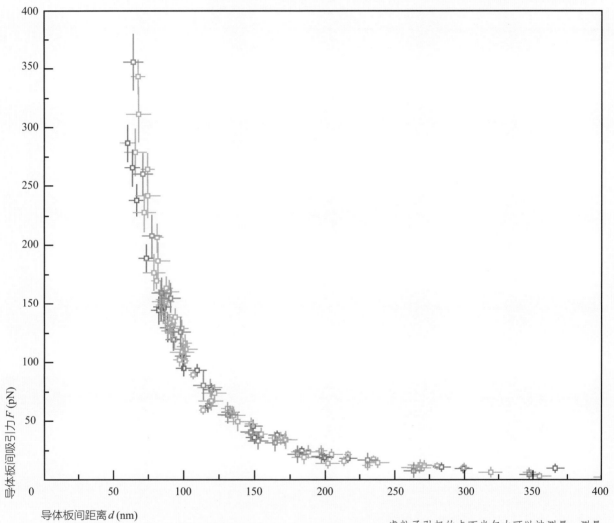

虚粒子引起的卡西米尔力可以被测量，测量
结果符合理论预期

第十二章
宇宙形成

核合成

氢和氦

夸克时期

中子和质子

宇宙背景辐射

**大统一
理论时期**

暴胀

物质主导的宇宙

不存在反物质

空间和时间的出现

普朗克时期

宇宙人择原理

没有对基本常数
的限制

多元宇宙

膜理论:
火劫大爆炸

景观

大统一理论时期（第 10^{-43} 秒至 10^{-37} 秒）

四种力的融合

回溯到大爆炸后 10^{-37} 秒，我们发现标准模型中的电磁力、弱力和强力统一为单一的一种相互作用，这标志着我们进入了大统一理论时期。宇宙当时是什么样的？处于大统一理论真真空态的时空以恒定的速度膨胀，就像暴胀时期结束后的哈勃膨胀一样。

罗杰·彭罗斯等宇宙学家在"过去假设"中提出，与暴胀结束后相比，暴胀前的这段时期熵非常低。那时，物质粒子可能只包含少数几种超大质量粒子，例如 X 及 Y 玻色子和轻子夸克粒子，它们在大统一理论的对称性下全都不具备质量。只存在一种代表着完全统一的强力与电弱力的"大统一"力。当时的宇宙背景辐射光子可能也少得多，令光子–重子比远小于如今的 $1:10^9$。那时宇宙中有物质或反物质粒子吗？理论预言了这种态的存在，但只有实验能让我们相信超对称或其竞争理论的基本原理处在正确的发展轨道上。

过去假设

大统一理论时期背后隐藏着引力和时空本身的神秘性质，时空强大的扭曲产生的大量自由能量以引力辐射的形式出现，而其他所有物理学过程都诞生于此。这样一来，我们对宇宙进一步的描述必须彻底统一包括引力在内的四种基本力，构建出逻辑一致的单一理论。借助这样的理论，我们可以对大统一理论时期引人深思的神秘宇宙学状态做出预测。为此，我们需要能够将引力与时空作为量子现象描述的理论。

四种力的统一

我们不知道这个"一切理论之母"会是什么样的，也不知道它需要以何种类型的数学工具来构造，但物理学家认为现有的理论已经给出了许多线索。有关引力场（时空）的理论必须始于一种离散的、量子化的描述，最终回归普通的广义相对论。时空的形状也必须是与其几何相关的无数量子态的平均。

这些效应会在怎样的尺度上开始对宇宙学造成影响呢？物理学家通常认为，在普朗克尺度上，我们需要一种新的有关引力和时空的量子力学描述。

普朗克单位

将广义相对论与量子力学结合后的一个重要特征是量子化（被分割为极小的可测量单位，即"量子"）的引力场。物理学家普遍相信，它会出现在马克斯·普朗克最初于1899年作为物理学的"自然单位"提出的各种普朗克单位（质量、能量、时间及空间）的尺度上。普朗克单位可以用牛顿引力常数（G）、光速（c）和普朗克常数（h）的适当组合构造出来。

$$L_p = \sqrt{\frac{hG}{2\pi c^3}} \quad m_p = \sqrt{\frac{hc}{2\pi G}} \quad t_p = \sqrt{\frac{hG}{2\pi c^5}} \quad T_p = \sqrt{\frac{hc^5}{2\pi Gk^2}}$$

给这些常数代入合适的值，我们得到：

- 普朗克距离 $L_p = 1.6 \times 10^{-33}$ cm
- 普朗克质量 $m_p = 2.2 \times 10^{-5}$ g
- 普朗克时间 $t_p = 5.4 \times 10^{-44}$ s
- 普朗克温度 $T_p = 1.4 \times 10^{32}$ K
- 普朗克能量 $E_p = m_p c^2 = 2.0 \times 10^{16}$ erg 或 1.3×10^{19} GeV

将它们与理论中暴胀时期开始前大统一理论时期 10^{15} GeV 的能量以及 10^{-37} 秒的时间尺度相对比，很明显当时的宇宙已接近引力场本身显现出量子性质的尺度。

物理学家认为，大统一理论时期从大爆炸后 10^{-43} 秒持续至暴胀时期开始的 10^{-37} 秒，再之前则是普朗克时期——如果时间的概念在普朗克尺度上还有意义的话。大统一理论 10^{-27} 厘米的尺度是 10^{-33} 厘米的普朗克距离的 100 万倍，这意味着时空在大统一理论时期中的大部分时间仍相对平滑，就像在数百千米外观察有褶皱的纸一样。但在接近普朗克尺度的过程中，我们看到了这张"皱巴巴的纸"的更多细节，它们已成为物理学家描述标准模型粒子的运动时所面临的日益严重的问题。广义相对论告诉我们，时空中曲率的变化代表着能量，它们是基本粒子和场能够获取的自由能量。空间几何的扭曲为物理学理论所允许的稳定粒子态的出现提供了能量。为准确理解此类量子曲率涨落对量子场的影响，我们需要关于时空的完整量子理论。自20世纪30年代以来，这一直是物理学家心目中的圣杯。

对完整量子引力理论的追寻驱动着大爆炸宇宙学中长期的深入研究。

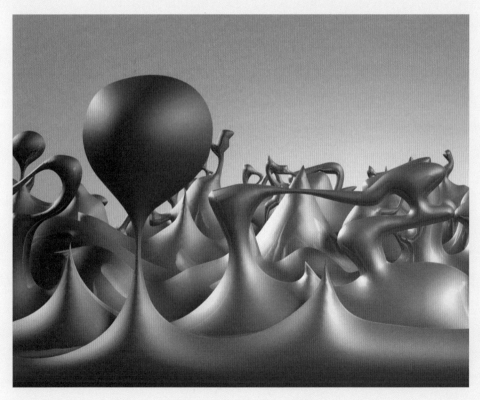

约翰·惠勒将普朗克尺度想象成时空扭曲而成的量子泡沫

普朗克时期（第 10^{-43} 秒前）

我们几乎无法了解宇宙这段时期的物理性质。通常在测量物体的性质和状态时，我们可以用光子与其发生相互作用。从返回的光的属性中，我们可以推断出物体的状态。但我们知道，在量子力学中，这样的观测过程会干扰研究对象的状态和性质，海森堡不确定性原理限制了我们能够得到的信息的精度。主要问题之一是光的波长限制了我们能够观察或测量的精度——使用普通光学显微镜的科学家常常遇到这一问题。要测量的细节越精细，所需的光波长就必须越短。由于光的能量随着其波长的减小而增加，为了精确测出量子粒子的性质，我们需要用到目前能量最高的光。

比如，在用高能光子测量电子的准确位置时，光子与电子间的相互作用会干扰电子的运动，而这种干扰带来的效应无法修正，这是海森堡不确定性原理的结果。在同时测量任意量子粒子的位置和动量时，量子物理学对测量精度做出了限制，令我们无法同时完全准确地测量出两者。如果被我们称作时空的宇宙引力场遵守类似的量子规则，理论上我们可以对其进行普通的量子力学计算，但事实似乎并非如此。在量子化的时空中，我们甚至无法做出这种简单的测量。目前来说，普朗克尺度限制着我们能够了解的时空性质。

用来观测接近普朗克尺度的量子态的光子必须带有 10^{19}GeV 的能量，波长短至 10^{-33} 厘米，才足以对细节进行探索。不过，能量这么高的光子会立刻变为一个质量 10^{-5} 克的量子黑洞。物理学家史蒂芬·霍金在 1975 年提出，黑洞能够通过量子力学过程蒸发，稳定释放电子、正电子和光子从而令自身失去质量。量子黑洞在 10^{-43} 秒后会借助霍金辐射机制蒸发，原本的光子收集到的信息也被彻底打乱。苏联物理学家马特维·布龙斯坦在 20 世纪 30 年代最早提出了这种可能性。最近，匹兹堡大学的卡洛·罗韦利宣布证明了普朗克尺度上的动力学系统无法被描述为随着我们通常以符号 t 表示的时间量演化的形式。

不存在能够前后一致地定义任何量子态演化方程的绝对的时间。在 10^{-33} 厘米和 10^{-43} 秒的普朗克尺度上，我们找不到比想要用量子规律描述的现象更小的测试粒子和时钟。这就像是试

圈量子引力理论中
普朗克时期的可能
景象

图用直径5厘米的凿子凿出一个直径3毫米的孔，或是戴着冬天的厚手套感受沙滩上的细沙。
有趣的是，与古老的普朗克时期相关的许多想法也可以直接应用于当前宇宙时空的深层结构。

如果量子引力在普朗克物理尺度上拥有与普通量子力学相同类型的数学结构，那么引力的量子场将是时空本身，就像电动力学的量子场是电磁场一样。类似地，电磁场的量子是光子，引力场的量子则被称为"引力子"。与自旋为1的光子不同，引力子虽然也是玻色子，但它带有2个单位的量子自旋。引力子同样被认为是以光速运动的无质量粒子。当前的时空必须被看作处于可能出现的各种量子几何叠加而成的混合态。这样一来，任意尺度上的时空几何都是许多不同时空几何状态的均值。

引力子

引力子 ▶ 引力场的量子（离散单位或基本元素）。

量子时空

量子时空几何可以带有很大曲率，而在10^{-33}厘米的尺度上，空间曲率的三维形状会在10^{-43}秒内迅速变化。这些曲率变化能够以引力波（成团运动的引力子）的形式在时空中运动，代表着类似于$E = mc^2$的能量变化。如果存在高能引力子，它们将衰变至能量在10^{19}GeV到10^{15}GeV的大统一能量之间的一系列粒子态。本质上，我们的发现肯定了之前物理学家对物质事实上是时空本身的几何性质的假设。在普朗克时期可以看到这种统一的全貌：时空中的曲率制造出粒子，而粒子又导致了曲率的产生。

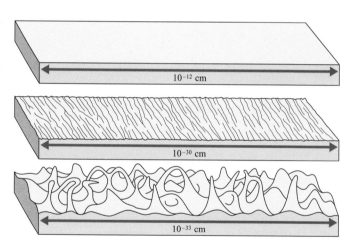

约翰·惠勒的理论认为，时空在大尺度上可能是平滑的，但在接近普朗克尺度的过程中会显现出时空量子涨落的特性

在量子引力的尺度上，我们也可以将时空看作无数具有不同温度和粒子组分的区域。这些区域最终开始膨胀，直到大统一理论时期结束后，它们的尺寸在暴胀时期开始以指数增长。暴胀结束后，各个区域内的物理性质仍相对恒定，但不同区域的性质存在统计学上的差异。如今的可观测宇宙只是其中某个区域内的一点，这就是宇宙微波背景在所有方向上都具备相同温度的原因。根据暴胀时期的持续时间，理论预测暴胀前每个区域可能直径只有 10^{-26} 米，但它们在暴胀后的直径达到了 10^{24} 米。如今这一直径可能已有 10^{34} 光年，是最遥远的类星体距离的 10^{25} 倍。可见宇宙不过是比它大得多的宇宙中的一"点"，宇宙的其他部分在统计学上也可能类似于我们如今在周围观测到的景象。

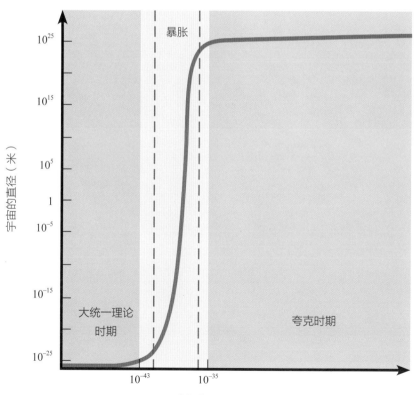

对宇宙暴胀前后尺度变化的计算

宇宙学是什么

对普朗克时期的一种设想，其中空间是具有复杂连通性的三维泡沫

暴胀宇宙学理论认为，这些诞生于大爆炸的巨大区域的尺寸如今仍在伪真空中以指数增长。因此无论宇宙的历史有多长，我们都没有机会看到它们。我们只能寄希望于观测到目前所处区域的边界，可见宇宙的视界在这片区域中仅以光速扩张。

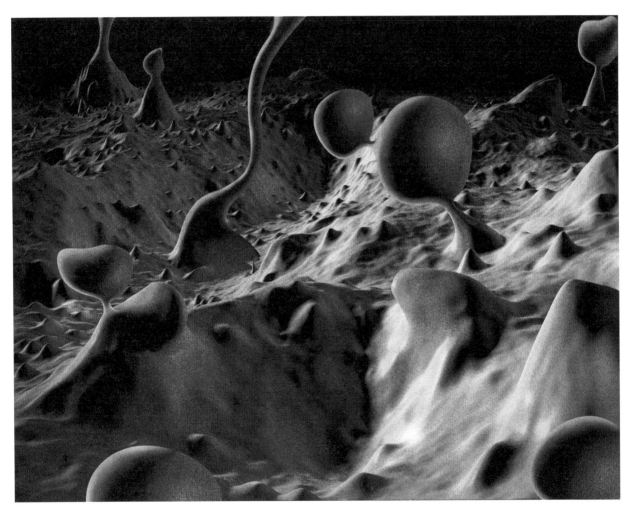

上文对量子引力应用于宇宙学的描述只是一个粗略近似，概括了在寻找同时描述了标准模型和广义相对论及引力的统一量子引力理论的过程中出现的不同想法。这些想法必须能够解释物理学和宇宙学中不断出现的令人困惑的异常现象，比如暗物质与暗能量、物质–反物质不对称性以及暴胀宇宙学的各种细节。过去50年中出现了两种主要的理论：圈量子引力（LQG）和超弦理论。我们首先来了解一下它们的基础结构。

背景依赖性和背景独立性

我们在第三章中了解到，艾萨克·牛顿爵士相信存在与物体运动无关的固定且绝对的时间和空间，在当中可以建立各种坐标系来定义时间和空间中的位置。另一方面，莱布尼茨则提出，时间和空间不具备固定的定义，而是物体间相互作用的性质。莱布尼茨认为，时间和空间的概念在某种意义上诞生自物体之间的关系，而非原本就存在。前一种理论构成了经典"牛顿"物理学的基础；后一种与之相反的观点则成为相对主义者的理念，并引出了爱因斯坦的相对论。不过，基于绝对的时间和空间框架而不是相对论性时空的牛顿物理学在数学上要简单得多，它因此得到了迅速发展，并主导了20世纪初之前的科学世界。

戈特弗里德·威廉·莱布尼茨提出，空间和时间产生于物体之间的相互作用

相对论的时空思想

在爱因斯坦分别于1905年和1915年发展出狭义相对论和广义相对论时，他认为牛顿物理学中作为世界绝对性质的时间和空间并不存在，一切都取决于观测者。空间本身的概念也是虚构的，相对地，真实存在的只有物体。而就像莱布尼茨设想的那样，时间和空间完全来自这些物体之间的关系。爱因斯坦的相对论在大量实验测试中取得的成功支持了这种有关时空的基本思想。

　　在赫尔曼·闵可夫斯基提出的相对论性时空概念中，物体沿世界线运动，正是这些世界线之间的关系令我们体验到作为宇宙真实性质存在的时间和空间。我们可以想象世界线嵌在更大的连续四维几何（数学家称之为"流形"）之中，就像画在二维纸面上的线条一样，但相对论并不要求这一点。只有这些世界线的交点（被称为事件）定义了独特的坐标。相对论时空中的坐标点其实并不密集，它们只标记着物体间有限的相互作用。这不同于数学上构造出的

世界线

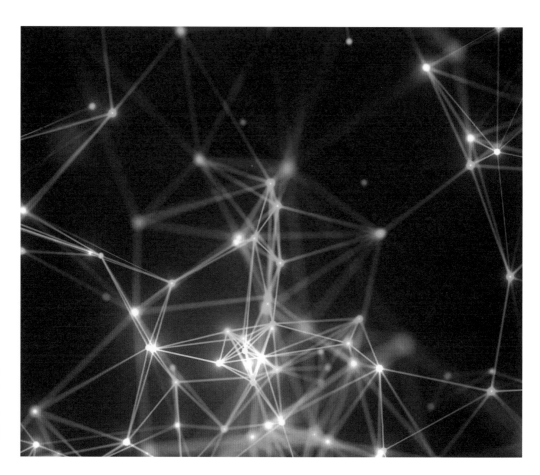

由世界线连接的
事件网络形成了
我们眼中的空间，
但空间并不是预
设的存在

时空，后者是由无数坐标点构成的流形。尽管如此，不计其数的世界线交织而成的物理时空以及这些世界线的内禀几何，令我们能够在数学上推导出物理系统的整体几何性质，其中世界线相对于其他世界线的曲率被解释为引力。

相对论不需要预先存在的时间和空间坐标点来描述物体之间的关系和运动，我们因而称其为背景独立的框架。背景流形上与物理事件不重合的坐标点对物体的物理性质没有任何影响。在涉及引力的计算中，借助这种相对论观点得到的数学结果对理解各种奇异的引力现象至关重要。但还有一种主要的理论体系依赖预先存在的背景时空：量子力学。

每个量子系统及其数学描述都需要一组在时间和空间中固定的坐标。这些坐标来自由观测者确定的参考系，是定义粒子态的必要信息（系统所有可能状态的总和被称为其波函数）。完整的标准模型实际上是对粒子行为半相对论性的描述，借用了狭义相对论原理中的质能方程 $E = mc^2$ 以及其他工具构造出具有相对论性的量子场论。但由于引力对粒子量子态的定义没有影响，标准模型将时空当作完全平直的对象处理，只将其视为方便计算的框架。标准模型理论具备背景依赖性，因为它需要预先存在的时空来描述粒子的性质及相互作用。

广义相对论的背景独立性与标准模型的背景依赖性之间的矛盾，是这两个关于物理世界的基础理论仍未得到统一的主要原因。接下来，我们将介绍两种为统一带来希望的新理论。

原子内的电子云仅由其在三维空间中所处的位置定义

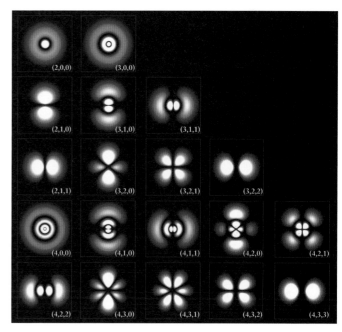

圈量子引力

圈量子引力的基础假设包括：

- 标准模型是正确的，并且是一个重要的数据点。
- 描述空间、时间和物质的正确理论是遵循相对性原理的背景独立的理论。
- 理论必须在接近普朗克单位的尺度上有效。
- 不存在我们已知的四个维度之外的额外时空维度。

20世纪90年代，美国理论物理学家李·斯莫林与意大利理论物理学家卡洛·罗韦利在约翰·惠勒和罗杰·彭罗斯20世纪60年代的工作的基础上发展出一种看待统一问题的新方法。他们仔细研究了时空在莱布尼茨和爱因斯坦的相对性观念中的基础，并遵循数学逻辑，得出了唯一合理的结论：时空必须建立在比时间和空间更基础的存在之上。

图中是自旋网络的一个示例，其中只有点代表着空间。线代表携带面积的非空间关系。数字代表 A_J 公式中的 J 值

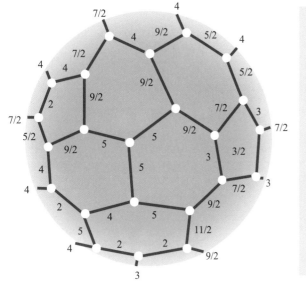

李·斯莫林

美国理论物理学家李·斯莫林1955年出生于纽约，他于1979年从哈佛大学获得物理学博士学位。几乎从职业生涯一开始，斯莫林就对量子引力理论中的问题展开了研究，特别是他认为弦论需要时空预先存在，即具有"背景依赖性"，因此并非正确的前进方向。基于罗杰·彭罗斯在20世纪70年代提出的想法，斯莫林与卡洛·罗韦利、特德·雅各布森和阿贝·阿什特卡发展出一种对量子引力的全新描述。自从1994年提出"圈量子引力"后，斯莫林一向不避讳对弦论的公开批评。他还开发了多种用于检验量子引力的观测。

宇宙当前的时空结构

根据圈量子引力的观点，普朗克尺度上的时空被分割为极小的体积单位，根据彼此之间的关系相互连接，而这些联系定义着各点所包含的面积。斯莫林等人利用罗杰·彭罗斯在其复杂的扭量理论中开发出的自旋网络方法作为模型。网络中的每个顶点代表着一个普朗克尺度上的空间体积量子。这些体积之间的关系以一组连接它们的线表示。每条线对应着单位量子面积A_J，其大小可以根据以下公式从指标J得出：

扭量理论

$$A_J = 8\pi l^2 \sqrt{J(J+1)}$$

这里的l是普朗克长度（1.6×10^{-33}厘米，参见第200页）。

这样一来，与体积相关的面积就是与顶点（代表着体积）相连的每条线所带的面积之和。空间的总体积则是顶点数的总和。类似于原子内以能量指标区分的量子化的能级，这种量子空间理论中的面积也是量子化的，在A_J的公式中以符号J标记。

自旋网络中起点和终点重合于同一个顶点的圈满足量子引力理论中的一个重要方程：20世纪60年代发展出的惠勒–德威特方程。这种圈解正是圈量子引力理论名称的由来。类似于磁铁周围的磁场线（展示了磁力的方向），这些圈在将时空的量子单位编织成我们在空间中感受到的整体面积和体积的过程中扮演了重要的角色。圈量子理论仍相当年轻，还需要很多工作才能将这种对引力和时空的描述与标准模型联系起来。除了引力子，目前没有办法从圈量子引力中得出标准模型的各种粒子和场。圈量子引力仅仅是描述时空和引力的理论。此外，它是严格关于四维时空的理论，物理学家尚未证明如何在大得多的尺度上从其方程得到与爱因斯坦的广义相对论类似的引力方程。

惠勒–德威特方程

弦论

弦论发展于20世纪80年代初期，当时，有关超对称理论的研究也正经历加速发展。尽管超对称的概念独立于弦论，但后者在很大程度上需要超对称的存在从而与我们由标准模型描述的世界建立联系。

1982年，约翰·施瓦茨和迈克尔·格林开发出了一种描述基本粒子的数学方法，当中粒子被振动的一维闭合线圈（被称为闭弦）取代。弦在物理上的意义并不重要，只不过粒子的内部结构可以用这种方式在数学上定义。这样一来，粒子将作为振动的管在时空中运动（而数学上的质点的世界线只是简单的线）。这种对粒子结构的新描述带来了更多理论上的发展。其中最重要的结果是，如果不将时空的维度扩展到十维，就无法建立关于这些"弦"粒子的量子理论。其中有4个维度代表着我们普通的三维空间和时间，它们必须非常大（甚至可能是无限的），但另外6个维度必须小于原子的尺度。维度的大小与弦的张力有关，基于各种简化上的考量，物理学家通常认为它们具有与普朗克长度相仿的有限尺度，因为这是宇宙对物体尺寸给出的唯一自然限制。

物理学家很快意识到，这6个"紧致"的维度可以形成被称为"卡拉比–丘空间"的几何结构。每种卡拉比–丘空间都具有其特定的对称性，而这些对称性与它们能够描述的费米子及玻色子的数量和性质直接相关。例如，物理学家发现这些几何拓扑结构上的孔的数量（亏格）与标准模型中基本粒子家族的数量有关。

经过20世纪80年代至90年代的大量努力，其他研究者一共确定了5种不同的包含超对称的十维弦论构造，因此"超对称弦论"为我们提供了不止一种统一理论，而是足足5种选择。1993年，物理学家爱德华·威滕

振动的闭弦

卡拉比–丘空间

M理论

艺术家绘制的
量子弦

发现这5种弦论可以统一成"M理论",后者实际上是从5个不同的角度描述了统一过程。通过引入一个额外的维度将时空增加到十一维,我们再次得到了单一的统一理论。

这些额外的维度到底代表着什么?我们可以直观感受到三维空间和一维时间,但额外加入的维度与普通时空的差异就像时间维度和空间维度之间的区别一样大。正如诺贝尔奖得主、物理学家史蒂文·温伯格在海因茨·帕格尔斯1985年出版的《完美对称》中的解释:"我谈到了将自身卷曲起来的6个额外的维度,但这并非看待它们的唯一方式。也可以认为在四维中构建的理论带有一些额外的变量,这些变量在某些情况中可以解释成额外维度的坐标,但不是必需的。事实上,在另一些情况中甚至都无法用坐标来解释。"

理论物理学家进一步完善了该理论,其中丽莎·兰道尔将它与宇宙学背景联系起来。为了做到这一点,必须考虑时空被称为"膜"的子集。在最简单的情况中,我们的宇宙占据着十一维"体"内一个四维的时空膜。

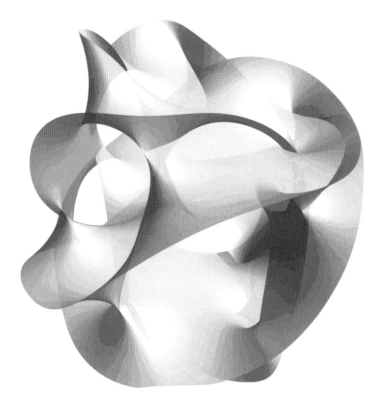

空间的额外维度可能具备有限且极小的尺寸,这定义了它们的几何结构

丽莎·兰道尔

美国理论物理学家丽莎·兰道尔 1966 年出生在纽约市皇后区，她于 1987 年获得哈佛大学的物理学博士学位，其导师霍华德·乔吉是 SU(5) 大统一理论的开发者之一。兰道尔成为普林斯顿大学的首位女性物理学终身教授，并于 2001 年回到哈佛大学。兰道尔研究了物理学家爱德华·威滕在 20 世纪 90 年代提出的 M 理论带来的结果，她与拉曼·松德拉姆一同发展的关于五维扭曲几何的兰道尔–松德拉姆理论引出了基于（3 + 1）维膜的宇宙学研究。她还是一位多产的科普作家，在 2007 年被《时代》杂志评为 100 位最有影响力的人物之一。

标准模型中的所有粒子和场是只存在于这张膜中的开弦，其开放的末端根植于四维时空中。粒子向体内部有微弱的延伸，延伸量受普朗克尺度限制。另一方面，弦论中代表引力的闭弦可以在体中自由运动，这也是我们在宇宙学尺度上感受到的引力如此微弱的原因。引力在体内更高的维度中振动时损失了大部分强度。膜宇宙学还为我们提供了一种看待大爆炸事件本身的新视角。在名为火劫大爆炸的理论中，膜宇宙之间存在微弱的引力吸引。如果它们发生碰撞，将把大量能量转化为充满整个时空的粒子和场，从而引发大爆炸。

我们的四维时空存在于名为"体"的十一维时空内

膜是高维空间中的低维物体……想象一张浴帘……即使存在这些额外维度，也不是所有物体都在其中运动。被限制在膜上的粒子只在膜中有动量（运动），就像浴帘表面的水滴一样。

——丽莎·兰道尔，哈佛大学物理学教授

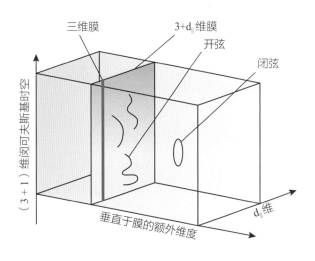

目前，有关黑洞物理学的很多计算同时用到了弦论和圈量子引力理论。然而，尽管弦论提供了对标准模型的潜在解释，但它没有解释引力；另一方面，虽然圈量子引力理论详细描述了引力和时空，但它并不包含标准模型或其相关扩展模型的内容。与此同时，我们得到了许多描述宇宙历史中发生在普朗克时期附近的最早的事件的新方法。

丽莎·兰道尔帮助发展了大统一理论的一种形式

永恒暴胀与多元宇宙 1.0 版本

在古斯最初的暴胀理论中，从伪真空到真真空的转变类似于碳酸饮料中形成气泡的过程。随着真空的转化，这些气泡膨胀、碰撞并融合，形成我们如今处于真真空态的宇宙。然而，气泡之间的碰撞会使宇宙变得非常不均匀，这与我们所处的相对平滑而均一的宇宙不符。

安德烈·林德、安德烈亚斯·阿尔布雷克特、保罗·J. 斯坦哈特和亚历山大·维连金1982年发表的新的暴胀理论显示，宇宙膨胀中的暴胀阶段在大部分区域会永远持续下去。这部分宇宙在发生指数式膨胀，换句话说，任意时刻宇宙中的大部分体积仍在经历暴胀。这片暴胀区域中会出现处于大统一理论真真空态的气泡宇宙，但在它们之间，空间仍在大统一理论的伪真空态中以指数速度膨胀。永恒暴胀以这种方式在理论上制造了一个无限的宇宙，我们的可见宇宙不过是其中某个气泡宇宙内小得几乎看不见的一块区域。

来自普朗克卫星的宇宙微波背景数据不仅排除了最简单的经典暴胀模型，还暗示暴胀的初始条件比理论所预期的更为复杂，且发生的暴胀或许也更少。这样一来，暴胀会永远持续的假设并没有得到证实，而对单个气泡宇宙的研究也显示，其中充斥着奇点（黑洞）。暴胀宇宙学似乎不再支持由气泡宇宙构成的多元宇宙，但弦论仍要求这样的可能性存在。

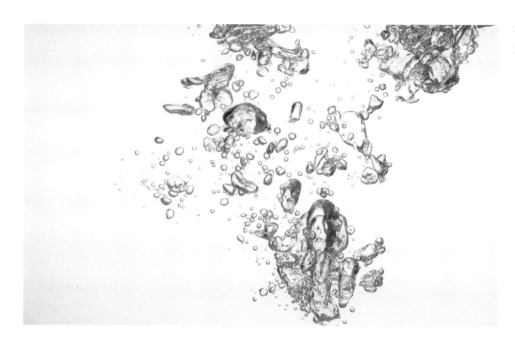

真空相变类似于气泡在
水中的形成

景观与多元宇宙 2.0 版本

弦论与超对称理论的结合带来了超弦理论的发展。这是继第五章介绍过的最小超对称标准模型等对标准模型的纯粹超对称拓展之后，超对称理论的下一步。超弦理论的描述涵盖了 100 TeV 至 10^{15} GeV 之间的整个粒子荒漠，一直到 10^{19} GeV 的普朗克能量尺度上的物理学。然而在理论物理学家尝试以具体的计算确定粒子态的数目及其相互作用时，又出现了一个问题：可能出现的卡拉比–丘空间的数量多得惊人。计算显示，这些空间有 10^{500} 种不同的卷曲方式，这意味着标准模型在我们的四维空间中的形式至少存在同样多的解。这些可能性的集合被称为"景观"（Landscape），在大爆炸发生时，我们的宇宙或许不得不在构成景观的众多宇宙中"选择"它想要表现的性质。目前物理学家还不知道如何自然地进行这一选择。基于理论的统计学本质，有一种流行的解决方案，是允许所有可能性在由这些景观宇宙构成的多元宇宙中共存。

气泡宇宙与多元宇宙 3.0 版本

还有一些涉及气泡宇宙的宇宙形成理论始于我们宇宙中名为黑洞的奇点。根据伦纳德·萨斯坎德等人在 20 世纪 80 年代至 90 年代发展的一些理论，在量子引力的尺度上不断有时空碎片形成。它们随后脱离我们的时空，形成单独的"气泡"宇宙。统计学上来讲，其中大部分气泡宇宙会维持在普朗克尺度上并最终消失，但另一些则可能满足某些临界条件，从而膨胀成像我们的宇宙一样的更大的宇宙。

在理论的其他版本中，黑洞内部的奇点事实上代表着这些脱离了我们宇宙的气泡宇宙，后者在我们的宇宙中留下了"事件视界"（包括光在内的所有辐射无法逃逸的边界）。气泡宇宙很快与我们的时空断开，并经历其自身的大爆炸和时空暴胀。新形成的宇宙与我们的宇宙之间无法通信，它们和我们的时空由于视界和奇点态的出现被彻底隔开，我们无法穿过这些屏障从另一端提取信息。

事件视界

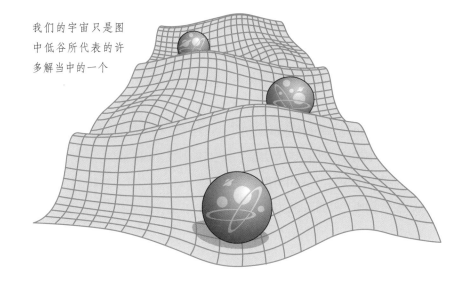

我们的宇宙只是图中低谷所代表的许多解当中的一个

需要知道的名字：多元宇宙

伦纳德·萨斯坎德（1940—　　）

阿兰·古斯（1947—　　）

安德烈·林德（1948—　　）

李·斯莫林（1955—　　）

新的宇宙可能诞生
于黑洞之中

　　根据李·斯莫林的观点，气泡宇宙的出现带来了一种有趣的"达尔文主义"情况。他提出，这些新的宇宙携带着有关我们宇宙中的物理定律以及标准模型的一些信息。因为标准模型和我们宇宙中的引力形式有利于恒星级乃至超大质量黑洞的形成，新的宇宙中也会优先形成这一类黑洞。这样一来，从我们的时空中诞生的大量气泡宇宙又会制造出更多的同样由我们的物理定律标记的黑洞和下一代气泡宇宙。由于我们宇宙中的物理定律有利于生命的出现，多元宇宙中适合生命形成的气泡宇宙终将通过这种宇宙达尔文主义的过程在数量上超过其他"失败"的宇宙。

人择原理

弦论和暴胀宇宙学似乎要求存在不止一个宇宙，而是有大量可能的宇宙。其背后的原因是这些理论由带有可调常数的公式表述。在我们的宇宙中，我们可以通过观测确定这些常数，但描述理论的方程本身提供了无数完全等价的潜在解，其中每种都带有各自的可调常数。如果每种解都对应着一个"宇宙"，那么数学上将出现由无数可能的宇宙组成的多元宇宙——每个宇宙对应着一组可能的可调常数。现在的问题是，我们为什么生活在如今这个特定的宇宙当中？

我们所了解的生命形式（特别是基于有机化学的有知觉的生物）要想存在，对光速、普朗克常数和牛顿引力常数等各类自然界基本参数有着极为精确的要求。其他决定了具体量子力学关系的量目前只能通过直接观测确定，比如标准模型粒子和场的数量以及模型中数十个常数的值。"宇宙在大爆炸后不久就知道我们会出现"（这个说法来自约翰·惠勒），这一直是宇宙学中的谜团。

解决这一精细调节问题的方法之一需要用到宇宙学强人择原理。该原理称，实际上可能有无数独立的宇宙存在于某种形式的多元宇宙中，其中每个宇宙都代表着一种具体而随机的对标准模型及基本常数的选择。这当中的大部分宇宙都不适宜我们这类生命生存，但另一些则能够支持与我们类似的或其他某种形式的生命存在。在后一种宇宙中，各种常数以及标准模型中粒子和场的数量全都恰到好处。某些情况下参数的取值只需要与已知值相差不超过10%就能创造出一个合适的宇宙。如果引力太强，恒星会迅速演化成白矮星，时间短至不足以令周围的行星上出现生命。如果普朗克常数太大，原子将变得不稳定，也不会出现生命所需的化学反应。

然而这些宇宙远在四维时空中我们的可见宇宙之外，甚至与我们分别处于十一维时空体中不同的"膜"上，因此完全无法被观测到。事实上，由于我们所处的时空区域与这些宇宙彼此独立，我们没有办法接收有关其存在的信息。这意味着它们本质上超出了科学方法能够研究并证实或证伪其存在的范畴。对人择原理进行检验的方式似乎全部涉及循环论证，或者超出我们宇宙中科技能力的实验。

强人择原理暗示可能存在无数
个宇宙

第十三章
遥远的未来

宇宙未来的命运—不久的将来—恒星的死亡—大撕裂—冷寂—永恒—终结

仙女星系与银河系相撞

仍有许多新恒星形成

太阳死亡（70亿年后）

时空消失？

暗能量（1000亿年后）

局域宇宙学视界

星系消失

恒星消失（10万亿年后）

星系中遍布遗迹

黑洞、中子星

永恒的虚空

星系成为超大质量黑洞

超大质量黑洞以轻子和光子的形式蒸发

宇宙未来的命运

物理学家和天文学家努力探索着我们宇宙的起源及其迄今为止演化过程的细节，与此同时，一些天体物理学家也对宇宙未来可能的命运进行了研究。一开始，弗里德曼宇宙学简要地描述了宇宙遥远的未来。如果宇宙带有负曲率或者是平直的，它会永远膨胀下去；而如果宇宙的曲率为正，它终将在不久的未来（距今或许不足 1 000 亿年）再次坍缩。借助数学方法得到这些解的过程并未考虑有关星系、恒星乃至生命本身的任何演化细节。

对仙女星系与银河系碰撞的模拟

1977 年，卡迪夫城市学院的贾迈勒·伊斯兰在他具有里程碑意义的论文中列出了注定永远膨胀的宇宙中未来会发生的重要事件。伊斯兰的基本思想是，经过数百亿年的时间，宇宙中微小的变化会被放大成重要的事件。比如随着系统以辐射引力波的方式失去引力势能，星系结构将受到影响，超大质量黑洞也会形成。在以 10^{100} 年为量级的时间单位上，即使是宏观物体的量子隧穿这种极小概率事件也能够发生。物理学家弗里曼·戴森在其同样具有影响力的论文《无尽的时间：开放宇宙中的物理学和生物学》中，则为有机生物在未来恒星、星系及各种物体逐渐解体的背景下描绘了一幅相对乐观的前景。戴森在文章中指出："分析的一般结果认为，开放宇宙并非注定演化至某种永恒的静止状态。如果假设的定标定律是正确的，生命和交流可以借助有限的能量储备永远持续下去。"

不久的将来

在接下来的数十亿年中，随着参宿四、心宿二和大角星等红超巨星变成超新星，以及太阳系在围绕银河系的轨道上运行数圈，我们周围的宇宙注定会发生变化。附近类似大小麦哲伦星云这样的矮星系很可能被银河系吞噬，不再作为独立星系存在。

现有数据和超级计算机模拟显示，银河系和仙女星系会在大约 40 亿年内碰撞、融合，形成一个巨大的大质量椭圆星系。随着星系核中两个超大质量黑洞并合，密度不断上升的新星系会暂时爆发成为塞弗特系统。这个巨大的椭圆星系被称为"银河仙女星系"，其引力效应将主导本星系群中其他 54 个星系的运动。大约 1 500 亿年后，只有银河仙女星系能够在本星系群内的各种碰撞和吞噬中幸存下来。

银河仙女星

恒星的死亡

恒星最终会衰老并凋亡。我们在可见宇宙中不计其数的椭圆星系内看到的恒星已经非常古老，这些星系中没有能够孕育新一代恒星的星际气体和云团。质量与太阳相仿的恒星在演化至行星状星云和冷却的白矮星前可以存活120亿~150亿年。但能够进行热核聚变的最小的恒星的质量只有太阳的6%，而且在宇宙中极为普遍。这些红矮星在变成冷却的惰性物体前可以存活10万亿~20万亿年。我们附近的红矮星比邻星将在约4万亿年后演化至这一阶段。可以推测的是，对于我们的可见宇宙而言，再过数十万亿年，就连红矮星也会变暗并最终消失在我们的视线中。根据我们当前对宇宙中恒星形成及演化的了解，这是有关宇宙未来最保守的预测。

红巨星 ▶ 恒星在演化最终阶段膨胀形成的明亮巨星，正消耗其最后的氦燃料，在光谱的红色至橙色波段发光。

行星状星云 ▶ 红巨星释放的不断膨胀的环形气体壳。

白矮星 ▶ 红巨星以行星状星云的形式释放其外层大气后收缩而成的炽热的高密度白色核心。

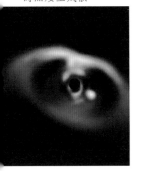

恒星凋亡后留下的典型的黑矮星残骸

恒星熄灭后，随着中子星和黑洞在引力作用下发生碰撞，每天仍有伽马射线和引力辐射脉冲穿过黑暗的空间。我们现在能够观测到这类信号，而在遥远的未来，双星系统中的大量中子星和黑洞仍会引发这样的事件。

另一种可能发生的现象更为戏剧化。这种现象如果发生，我们人类或许不会存在超过650亿年。

如果宇宙中的暗能量持续增强，星系在空间中加速远离彼此的现象最终将导致我们周围的宇宙在500亿年后变得无比空旷。600亿年后，我们的银河系与仙女星系结合而成的银河仙女星系将成为附近宇宙中唯一的光源。甚至连邻近的超星系团（例如1.1亿光年外的室女超星系团和3.3亿光年外的后发超星系团）与我们之间的距离也会变得太远，到那时，来自它们的光将远在半径600亿光年的可见宇宙视界之外，再也无法到达地球。视界与地球之间的可见宇宙中将只剩下当前离我们很近的一些星系群，当中包含数十至数百个星系，而不是我们如今在银河系外看到的数百亿个星系。

大撕裂

如果暗能量的强度继续不受限制地增加，可见宇宙视界的相对尺寸将不断缩小，先是在600亿年后到达河外星系，而后在距今650亿年内加速缩减至银河系、太阳系、行星乃至原子的尺度。一些预测甚至认为空间自身会在量子引力的尺度下撕裂。

由于在这些事件发生前我们周围有大量明亮的恒星，人类如今看到的夜空可能在数千年的时间内迅速变得空旷而暗淡，整个夜空中的恒星都会远离我们，不断红移并变得越来越稀疏。在人类一生的时间跨度内，恒星的红移将逐渐增加，其中离我们越近的恒星的红移越小，而远处的恒星则会随着谱线红移至红外波段迅速变暗。到最后，太阳系远处的行星也会发生红移，直到空间这种灾难性的膨胀抵达地球。经过一段短暂的独处于黑暗宇宙之中的时间后，地球和我们自身的原子结构也将开始膨胀，迎来一切的终结。

如此令人不安的未来几乎可以被无限推迟，前提是导致暗能量出现的源头在当前的伪真空转化为能量较低的真真空的过程中耗散，这将令加速膨胀在未来的数十亿年内结束。然而，我们不知道目前的伪真空与真真空之间的能量差异有多大。如果它小于中微子质量所在的数量级，即电子伏特的几分之一，描述宇宙的物理学并不会有什么变化；但如果能量差处

时空在大撕裂中解体

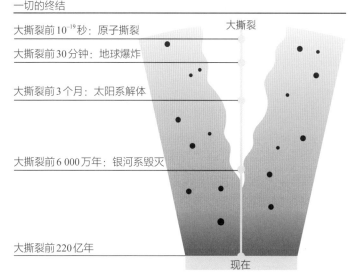

一切的终结

	大撕裂
大撕裂前 10^{-19} 秒：原子撕裂	
大撕裂前 30 分钟：地球爆炸	
大撕裂前 3 个月：太阳系解体	
大撕裂前 6 000 万年：银河系毁灭	
大撕裂前 220 亿年	
	现在

于原子核能量所对应的 MeV 量级或粒子质量所对应的 GeV 量级，我们宇宙的现有理论会被新的标准模型取代，同时整个宇宙也将彻底被改变。新的标准模型将完全不同于有机生命赖以生存的现有模型，因此，这些真真空的气泡在以光速膨胀时会抹去它们接触到的我们所熟悉的一切物质形式，包括地球以及宇宙中所有的生命。

冷寂

如果 650 亿年后的宇宙没有在大撕裂中解体，我们还可以考虑其他的可能性。一些计算显示，在经过以 10^{100} 年为单位的漫长时间后，宇宙中的景象或许会更加荒凉。

星系中的
残骸

在所有恒星都演化成黑矮星、黑洞以及中子星等冰冷而致密的残骸后，我们的银河系将成为这些不发光的简并物质的黑暗墓地。距今约 100 万亿年后，残骸之间偶然的碰撞将造成超新星爆发。10^{20} 年内，大多数恒星残骸（中子星、白矮星和黑洞）会在星系碰撞的过程中被抛射出去。10^{30} 年内，剩余残骸不断释放引力辐射，其轨道逐渐缩小，最终被星系内的超大质量黑洞吸收。

这种简并物质的墓地并非我们所能想象的宇宙未来的最终阶段，它只是一个转折点，通往持续时间更长也更奇特的黑洞时期。未来 10^{70} 年内，所有恒星质量黑洞都将以霍金辐射的方式蒸发，留下诸如电子、正电子、光子及中微子等基本粒子。到了距今 10^{99} 年时，宇宙中最大的超大质量黑洞也将由于霍金辐射的存在而蒸发。

宇宙热寂

一旦最后的黑洞消失，宇宙会进入一段漫长得难以想象的黑暗时期。此时，由电子、正电子、光子和中微子组成的一种稀薄的等离子体将充满不断膨胀的宇宙，除此之外不存在其他任何物质形式，这标志着宇宙最终的"热寂"。宇宙的熵达到了可能的最高水平，不再有生成任何可用能量的方法。如果电子、正电子和中微子在这种极端的时间尺度上不再是基本粒子，它们将衰变至各自的组成部分，后者的其他性质或许与光子非常相似。

永恒

对顶夸克和希格斯玻色子质量的测量显示，我们如今所处的真空态并不稳定。当前的伪真空会在约 10^{139} 年内通过量子隧穿效应转化为真真空。

黑洞的蒸发

1974年，史蒂芬·霍金宣布，他发现黑洞由于事件视界附近的量子过程而具备等效表面温度，这意味着黑洞正在失去能量（即质量）。这种被称为"霍金辐射"（或"霍金机制"）的量子蒸发过程给出了质量为 M 克的黑洞以秒为单位的寿命：

$$t = 4.8 \times 10^{-27} M^3$$

与太阳相似的物体（$M = 2 \times 10^{33}$ g）需要约 4×10^{73} 秒（即 10^{66} 年）的时间才能蒸发——这比宇宙的年龄还要长得多。而质量为 4×10^{14} 克的黑洞的蒸发大约需要140亿年。天文学家推断，如果黑洞可以在大爆炸时期形成，那些质量在 10^{14} 克左右的黑洞目前正处于蒸发的最后阶段，并且会引发伽马射线以及其他形式的辐射能量爆发。目前的观测尚未搜寻到任何潜在的此类事件。

史蒂芬·霍金发现，黑洞正通过一种如今被称为"霍金辐射"的过程失去质量

$10^{10^{26}}$ 年后，所有比普朗克质量重的粒子将直接通过量子隧穿落入黑洞。

$10^{10^{26^{56}}}$ 年后，不断膨胀的空旷宇宙会借助量子隧穿效应自发形成子宇宙。这些子宇宙将经历它们自身的大爆炸事件。

子宇宙

终结

当前的宇宙学模型显示，我们的宇宙空间极大，或许它在各种意义上都是无限的。大爆炸宇宙学还预言它可能会在未来无限膨胀下去。如果是这样，现有的引力理论和标准模型能够确定如下事实：在宇宙未来无限的膨胀中，我们如今遍布着恒星的充满生机的宇宙仅能维持100万亿年，之后将是人类无法用语言描述的无尽黑暗。

最初100万亿年

宇宙历史中存在生命的时期不过是永恒黑暗中瞬间的闪光，这样的想法着实引人深思。

有关宇宙未来的早期观点

在有观测数据证实如今预测着宇宙未来开放式膨胀的大爆炸模型之前，曾有一些基于弗里德曼解的模型预测宇宙最终将再次坍缩，这种情况被称为"大挤压"。20世纪60年代，当时有关宇宙密度和哈勃常数等宇宙学参数的最好的观测数据显示，我们正处于宇宙膨胀最大值的2/3处，因此大挤压预计将在大约400亿年后发生。到了20世纪90年代，随着更精确的宇宙学观测数据的出现，大挤压理论逐渐被淘汰。科学家发现宇宙几乎不可能发生坍缩，特别是考虑到暗能量的性质。

在始于20世纪的现代物理宇宙学出现前，有关遥远未来的设想大部分源自小说和宗教概念。印度教提出了一种不断循环的宇宙，其中每个循环周期约为80亿年。另一方面，西方宗教则认为人类文明将在不久的未来终结于所谓的"基督复临"，但该理论并未提及宇宙其他部分的命运。

在小说中，H. G. 威尔斯的《时间机器》（1895年）提到了距今3 000万年的遥远未来：地球变成了一颗荒凉的行星。不过小说没有描写更大范围的宇宙。有关宇宙终结的最早的科幻故事之一是奥拉夫·斯特普尔顿1937年的《造星者》，这位作者的最爱是詹姆斯·布利什的故事《时间的胜利》（1958年）和迈克尔·莫尔考克的小说《分裂的世界》（1965年）。在《分裂的世界》中，"多元宇宙"一词首次出现在了文学作品中，远早于现代宇宙学家对它的使用。在最近的科幻小说中，弗雷德里克·波尔的《时间尽头的世界》（1990年）以及斯蒂芬·巴科斯特引人入胜的《环》（1994年）和《流形：时间》（1999年）都展望了宇宙遥远的未来。

著名科幻作家弗雷德里克·波尔经常描写宇宙遥远的未来，并在其小说中对多元宇宙的概念进行了探索

第十四章
时间

时间顺序上的概念—现代物理学—感知到的"现在"—生物学意义上的"现在"—有关历史的内部模型—物理学意义上的"现在"—时间之箭—时间的物理概念

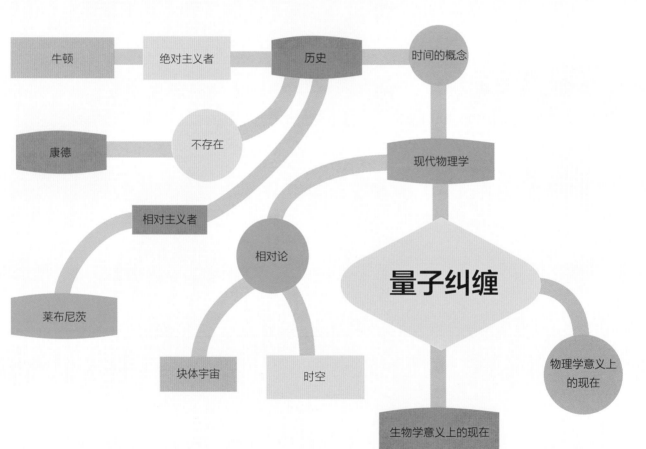

时间顺序上的概念

有关宇宙学的讨论遵循了两种不同的历史考量。第一种是人类科学发现的历史，从古老的猜想开始，在数千年间逐渐演化为当前大爆炸宇宙学详细的物理描述。第二种是宇宙本身的历史，从普朗克时期的复杂过程一直到在遥远得难以想象的未来等待着宇宙的物理衰变。在这两种描述中，事件都按时间顺序串联成因果链（事件 A 导致事件 B，事件 B 导致事件 C 等）。

尽管我们讨论了量子引力理论给出的当前有关空间起源和意义的最深刻的理解，但我们还没有解释时间的起源，以及它为什么看上去是物理世界中不同于空间的性质和现象。

近几个世纪有关时间起源的三种观点

绝对主义者

在艾萨克·牛顿爵士的观点中，时间和空间是绝对的。由钟表和标尺构成的预先存在的外部框架允许物理定律及理论对动力学系统做出精确的数学预测。

相对主义者

戈特弗里德·威廉·莱布尼茨认为牛顿所谓的时空的"绝对框架"并不存在。时间和空间都是从物体之间的关系中演生出的概念，没有物体，就不存在时间或空间。

不存在

伊曼努尔·康德在《纯粹理性批判》中提出，时间和空间都属于一种先验的直觉（源自逻辑推理而非经验），它们帮助我们将感官体验构建成关于世界的有意义的模型，并令我们得以在其中活动。这种观点类似于智者安梯丰在公元前 5 世纪首次提出的想法："时间并非现实，而是一种概念或度量。"

现代物理学

时间是我们的世界中最古老的谜团之一，它的神秘（尤其是我们对时间从过去流向未来的这种深刻的认知）已经困扰了人类数千年。如今，现代物理学的出现终于为我们提供了探索时间的新工具。

在物理学中，时间通常作为方程中以字母 t 表示的数学符号出现，可以便捷地描述系统中物质和能量的变化。作为物理变量，时间有一个非常令人困惑的特征：所有物理定律及理论的数学描述都将时间 t 视为一个连续、平滑且无限可分的量。理论中的方程也是"永恒"的，把它写在一张纸上，就可以准确地描述系统自始至终的全部变化（需要特定的边界条件，例如系统在" $t = 0$ "时刻的状态）。不过，方程一次性地展现了整个物理过程，使用者必须将代表当前时刻的具体 t 值代入其中。

另一方面，相对论带来的新观点将时间和空间视为时空连续体的组成部分，时空连续体由宇宙中粒子和观测者的世界线交织而成。时空中所有的物体"一次性"展现在这一视角下，不存在对时间的任何提及。这种"块体宇宙"完全是四维的，可以垂直于时间轴切开，从而展示特定时刻下物体在三维空间中所处的位置。但没有任何规则告诉我们为什么在某一刻而不是另一刻对时空进行切割。

在量子力学中，系统在空间中的演化由一个个连续的时间间隔描述，但除了对应着"开始"和"结束"的端点以及与环境发生相互作用的地方，这些间隔彼此之间并无区别。相对论和量子力学均没有解释时间的存在，也没有解释为什么块体宇宙内所有人类都感觉当前的时刻在整个宇宙历史中如此特别。

块体宇宙

右页：火箭发射的过程能够用数学描述，但就时间而言，不存在任何特殊的时刻

感知到的"现在"

如果与物理世界有关的所有方程和相对论描述都由时空的块体宇宙模型中暗含的这种"永恒"的数学框架所定义，那么我们体验到的"现在"从何而来？数学上，它在定义系统的整段时间中选出了某个特别的时刻（$t = t_{现在}$）。在相对论与现代物理学中，时间被嵌入"永恒"的时空框架，除了作为追踪物理系统（态）在空间中变化的第四个维度之外并没有关于时间的其他解释。这是康德式的时间观，但建立在可观测的外部事件上。某种意义上康德的观点是正确的，具体细节涉及我们大脑感知时间的方式。不过，虽然人类所感知的时间是有趣的研究对象，但它不同于宇宙中事件发生的物理时间。

爱因斯坦的块体宇宙

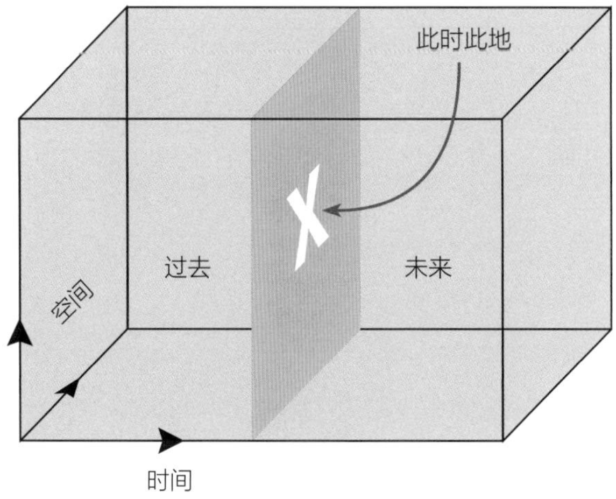

此时此地

空间 过去 未来

时间

在相对论的块体宇宙时空观中，"现在"的概念完全取决于观测者

生物学意义上的"现在"

近年来对大脑的深入研究显示，多数人所体验到的"现在"的感觉最长持续两到三秒，科学家称之为"似现在"（specious present）。在这段时间中，神经活动必须以高达每毫秒10厘米的速度传导。不仅视野内每个物体的视觉信息需要被整合并与其他感官相联系，大脑数十个特定的区域也需要被

激活或关闭，我们脑中的世界模型才能够以前后一致的方式更新。但这一过程并不是绝对的：慕尼黑大学的塞巴斯蒂安·绍尔和他的同事发现，正念冥想的练习者可以将"现在"的感觉延长至20秒。

处理时间感知的系统高度细分，涉及大脑皮质、小脑和基底神经节。其中，视交叉上核掌管着昼夜节律，而另一些细胞团似乎能够追踪更短的（一昼夜之内的）时间。

有关历史的内部模型

我们体内的模型构建系统将神经系统感知到的无数个"现在"编织成平滑的时间。它以极快的速度将一组组静态的视觉信号连接起来，汇入我们对世界有意识的"观感"。这使我们感觉到构成每一个"现在"的信息都平稳过渡到下一个"现在"。为了从一个瞬间过渡到下一个瞬间，我们的大脑快速而粗略地处理数据，并在必要的时候进行插值。例如，在我们的视觉世界中，由于视神经与视网膜的连接处没有光敏细胞，因而我们的视野中存在一个盲点，但我们永远不会注意到它，因为大脑会对此处的数据插值并将景象补全。我们关于世界的内部模型对时间维度也进行了同样的处理，将不连贯的信息变成如电影般流畅的体验（比如快速运动的球下一秒会出现在什么位置）。

大脑"插值"

中风及精神类药物等对神经系统的影响会扰乱这一过程。许多精神分裂症患者不再能意识到时间是由一系列具有因果关系的事件串联而成的。时间感知能力的这种缺陷可能引起幻觉和妄想。一些不那么严重的异常也会影响我们有关时间流逝的感受，例如由小脑功能障碍导致的失时症，受这种症状困扰的人无法准确估计经过的时间长度。

对神经系统的干扰

内部模型和外界输入的海量数据决定了我们无法同样清晰地记住每个连续的瞬间，早前的"现在"要么由于某些感情或生存因素成为短期记忆的一部分，要么很快被彻底遗忘。你应该不会记得跳进泳池的完整感官体验，但如果你当时是被推下去的（或者受了伤），那么即使在很多年后，你也将清晰地记得当时的一系列瞬间！

我们的大脑构筑时间模型的能力等同于它的空间模式识别能力。大脑在时间中寻找模式并建立相关性，利用这些信息得出对"之后"的预期。有趣的是，以耶鲁大学的艾伯特·鲍尔斯为代表的心理学家认为，当这一过程的确定性超过我们不完美的感官收集到的证据时，我们就会体验到幻觉。事实上，多达15%的人在生命中的某个时刻体验过幻觉（例如歌声和说话声等声音），基于其他线索的强烈预期令他们的大脑真的"听到"了声音。

物理学意义上的"现在"

哲学家威廉·詹姆斯将我们感知到的现在定义为"感知到的所有时间的原型……我们能够即刻且持续地感受到的短暂时间"。我们感受到的"现在"这种现象源自大脑对内部模型建立过程及感官数据的处理，但外部物理世界并不会通过其自身"神经系统"创造宇宙意义上的"现在"。因此对物理学而言，"现在"的概念并不存在。相对论表明，宇宙或空间中大片区域内不存在均一、同时的"现在"。就连爱因斯坦本人都说："'现在'的某些根本性质已经超出了科学的范畴。"在相对论中，我们不可能利用一组"在空间中不同位置同时发生的事件"来定义"现在"，不同观测者之间的相对运动和加速度导致宇宙中不存在能够令所有"观测者"同时感知到的"现在"。除此之外，理论中也没有"时间的流动"，因为相对论描述的对象是世界线和镶嵌在块体宇宙时空内的粒子的完整历史。但另一方面，量子理论为我们带来了一些新的可能性。

相对论和
"现在"

正如前文提到的，我们所谓的"空间"或许是量子引力理论中不计其数的量子事件编织而成的挂毯一般的存在。时间可能也诞生于量子尺度上基本事件的合成。这与我们称之为"温度"的概念非常类似：温度是对大量粒子平均碰撞能量的度量，它在单个粒子的尺度上无法被定义。

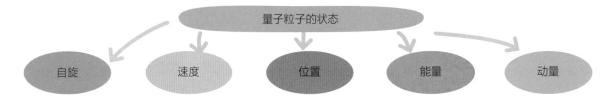

系统可以由其量子态完全定义，这对于由十几个原子构成的系统而言比包含数万亿原子的系统要容易得多，但它们背后的原理是相同的。量子态描述了系统内的粒子在三维空间中的分布。但海森堡不确定性原理决定了具有特定速度的单个粒子的位置是弥散的，即粒子无法被限制在确定的位置上。量子粒子的另一个性质是它们所处的态（自旋、速度、位置、能量和动量）可以彼此纠缠。这意味着，如果在足够近的位置制备两个同处于一个态的粒子（其量子性质相互关联，被称为纠缠），即使之后将二者分开，它们的性质仍会在比原系统尺寸大得多的距离上彼此相关。哈佛大学的物理学家塞思·劳埃德在1984年发表的一组有趣的论文指出，系统或许正是通过这样的方式演化至平衡态的。随着时间的流逝，系统中粒子的量子态逐渐彼此关联，被更大的粒子集合共享。这种相关性增长的方向是唯一的，并在量子尺度上创造出了"时间之箭"。

量子纠缠

量子纠缠

在量子系统发生相互作用（如粒子相撞）时，相互作用会导致粒子之间产生相关性。我们称这些粒子彼此纠缠。这样的纠缠可以在实验条件下生成。一旦粒子相互纠缠，对其中一个粒子进行的任何测量（例如测量角动量）都会提供有关另一个粒子（角动量）的信息，无论它们之间相隔多远。爱因斯坦称这种现象为"鬼魅般的超距作用"。但测量这种主动过程会改变被测系统：它会清除被测粒子其他方面的所有信息，比如自旋。因此，对纠缠态其中一个粒子自旋的测量不会给出关于另一个粒子角动量的任何信息。在量子力学中，如果某个性质没有被测量，它甚至不需要存在。

时间之箭

观测显示，宇宙中的事件由从过去到现在再到未来的明确时间顺序联系在一起。在各种生物学、热力学及宇宙学测量中，封闭系统都遵循热力学第二定律从有序的状态逐渐变得无序。这种变化通常被称作"时间之箭"，亚瑟·爱丁顿爵士1928年出版的《物理世界的本质》一书令该词流行了起来。我们总能观察到系统从有序的状态演化至无序的状态，比如冰块化成水，但从来不会看到水突然形成有结构的冰块。

由于指定有序状态比无序状态所需的信息要少，物理学家发现系统的熵与其包含的信息量（被称为系统的香农熵）之间存在直接联系。熵的增加意味着系统变得更加随机，该状态所包含的信息量也会增加。熵是对封闭系统混乱程度的度量：越不可能出现的事件或状态带有的熵和信息越多。熵与信息含量之间的关系对于黑洞和量子引力理论的研究来说非常关键，其中黑洞的表面积扮演着熵的角色，与黑洞视界在普朗克尺度的限制下所能存储的信息量有关。

香农熵

在圈量子引力中，三维自旋网络成为四维自旋泡沫

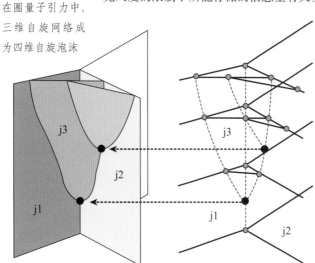

熵 ▶ 对封闭系统混乱程度的度量。

时间的物理概念

超弦理论中没有对时间本身的描述，理论假设预先存在具有相对论性的特殊时空，弦可以在其中移动。目前，只有我们在第十二章介绍过的圈量子引力研究较为关注时间作为一种物理概念在理论中的出现。

理论物理学家李·斯莫林和卡洛·罗韦利提出，量子尺度上的自旋网络构成了时空。这些网络就像是巨大的球棍组合模型：代表着普朗克尺度上量子体积的节点，被携带量子面积单位的边所代表的关系连接在一起。该层面上的空间由这些"点体积"和"关系边"组成的网络在量子尺度上构建而成。每个自旋网络代表着空间的一个态，而所有态都是被称为自旋泡沫的四维网络的一部分，后者代表着一个自旋网络是如何通过一系列变化重新连接成另一个自旋网络的。自旋泡沫是量子版本的时空，将自旋网络组织在一起的第四个维度对应着我们大尺度上"经典"相对论时空中的时间。

自旋网络

> 科学并非对确定性的追求。科学是为了找到最可靠的思考方式……不仅不具备确定性，正相反，确定性的匮乏才是它的基础。
>
> ——理论物理学家卡洛·罗韦利

不过，就连圈量子引力也没有解释为什么三维自旋网络在自旋泡沫中的结构被视作三维事物在时间上的排列，而非单纯的四维空间结构。如何解决这个"时间问题"是几乎所有量子引力理论共同面临的严峻考验。

时间问题

在前文提到过的惠勒–德威特方程中可以找到有关时间的线索。作为圈量子引力理论中圈解的起源，它从未将时间描述为外部变量。时间仅以内部变量的形式出现。这反映了这么一种观点：并没有所谓的存在于我们定义的宇宙之外的"时间"，它只是宇宙中的观测者借助名为"时钟"的子系统体验到的一种现象。

叶卡捷琳娜·莫列娃

叶卡捷琳娜·莫列娃1981年出生于苏联穆拉希。她于2004年从莫斯科工程物理研究所的工程物理学专业毕业，并于2007年获得了该校的物理学和数学博士学位。2005—2011年间，莫列娃在莫斯科工程物理研究所的理论物理学与实验物理学系担任助理教授。自2012年开始，她一直是意大利都灵国家气象研究所的研究员。她的研究方向包括量子信息、量子层析、量子密码学以及量子力学的基础。

意大利国家气象研究所的物理学家叶卡捷琳娜·莫列娃检验了理论物理学家唐·佩吉和威廉·伍特斯最初于1983年提出的这种时间并不单独存在于外部，而是诞生于内部物质结构的想法。实验显示，在测量由两个光子组成的纠缠系统的偏振时，结果不会发生变化，因为两个光子的性质（偏振）都是在纠缠系统外被测量的。这是惠勒–德威特宇宙中"超级观测者"的视角。但在从系统内部测量其中一个光子的偏振时，观测者也会与之纠缠。将观测结果与系统中另一个光子的偏振相比较，得出的差异就是对时间的度量。这证实了时间就像宇宙内的"时钟"所感知的那样，是纠缠系统的一种演生属性，而不是惠勒–德威特系统的外部时钟。

在量子尺度上进行的各种实验表明，相对论的块体宇宙观并不正确。该想法基于一张空间和时间分别位于其横轴和纵轴上的时空图，但这是不可能的：如果时间是一种演生现象，块体宇宙表示中不会存在被明确定义的时间轴。如今我们面对的想法是：尽管过去可以通过经典物理学以及存储下来的信息记录（照片等）重构，但未来是由量子力学中的概率和原理

超级观测者

块体宇宙理论的问题

决定的。

"现在"是有关未来的量子力学概率结晶为确定的过去的瞬间。物理学家乔治·埃利斯在2009年提出了这种结晶块体宇宙理论，它与圈量子引力创始人李·斯莫林的观点一致："未来在此刻并不真实，也不存在有关未来的确定事实。（真实的是）未来的事件从当前事件中形成的过程。"

需要知道的名字：关于时间的物理学

卡洛·罗韦利（1956—　）

唐·佩吉（1931—　）

威廉·伍特斯（1951—　）

叶卡捷琳娜·莫列娃（1981—　）

乔治·埃利斯（1939—　）

在这个图像化的比喻中，树根代表着结晶的过去的世界线，树干是当前的时刻，树冠则对应着未来的量子不确定性

物理时间之为演生现象

时间是一种演生现象而非自然基本性质的想法，与温度的概念类似。温度对于大量粒子的集合有很明确的定义，但讨论单个粒子的温度却没有意义，因为它是对粒子平均动能的度量。其他演生现象包括液态水的性质、湍流、气压、彩虹、生命甚至意识本身。自组织的概念与演生密切相关，另一方面则是个体（比如鸟）遵循简单规则（例如待在家附近、跟着它们一起移动等）的集体行为。正如椋鸟的吟唱所展现的那样，这些行为可以在时间和空间上形成美丽而复杂的模式。

时间的另一种演生机制涉及量子隧穿过程（参见第187~188页）。在原子及原子核的尺度上，一些原子核的衰变（或裂变）中会出现自发跃迁。比如钋–212的原子核会在α衰变中自发释放一个氦原子核。如果有一组钋原子核，氦原子核的出现大约需要0.2微秒。经典物理学不允许α粒子从钋原子核中逃逸，因为这违反了能量守恒定律。虽然α粒子不具备足以逃离原子核的能量，但量子物理学中的海森堡不确定性原理令该过程的发生成为可能。换句话说，我们无法分辨处于原子核中特定位置的α粒子是否恰好具备足以逃逸的能量。粒子"隧穿"出能垒逃离原子核所需的时间长短取决于能量差的大小。随着能量差加大，隧穿需要的时间将以指数增长。扫描隧道显微镜是量子隧穿现象的一种受控应用，它能够通过检测电子隧穿电流在数种不同的系统中探测到单个原子。

史蒂芬·霍金认为，大爆炸中可能发生了类似的量子隧穿现象。初始状态下的宇宙时空可能处于一个四维的纯空间态，与圈量子引力中自旋网络的类空性质相似。我们之前讨论过的自旋泡沫可能是纯四维的类空物体。但在一次隧穿事件中，一个类空维度转变为类时维度，时间就这样开始了。自那时起，我

们认为量子纠缠过程带来了事件和名为"时钟"的子系统，状态的变化则可以解释为不同态之间持续发生的类时转化。在霍金的想法的基础上更进一步思考，隧穿事件或许是不均匀的，从而导致原本的四维空间中的某些区域没有受到影响，而形成的其他真正时空的"气泡"则具备一个时间方向。

椋鸟的低吟展现了复杂性如何自简单性中诞生

243

术语汇编

暗能量　造成宇宙加速膨胀的成分。

暗物质　占宇宙引力质量中很大一部分的物质，它并不以电子、质子、光子和中微子等已知类型的物质形式存在。

巴耳末吸收谱线　观测表面温度超过 10 000 K 的恒星时在氢原子光谱中看到的吸收线。

白矮星　红巨星以行星状星云的形式释放其外层大气后收缩而成的炽热的高密度白色核心。

暴胀子场　一种理论中的标量场，它可能在宇宙早期推动了宇宙暴胀。

标量　物理学中只有大小而不具备其他特性的量，例如10千克、20厘米等。

标量场　被赋予给定空间中每一点的标量，例如宇宙的背景温度。

标准模型　当前描述引力以外所有已知力和基本粒子的综合理论。

玻色子　自旋为零或其他整数的亚原子粒子，如光子。

测地线　曲面上任意两点间的最短距离。在《平面国》（参见第48页）中，生活在球面上的二维生物在沿测地线运动时认为测地线是笔直的，尽管它事实上是一条弧线。

场　某种量（例如辐射强度、引力或温度）在整个空间中的分布。

超对称　超对称原理指出，费米子和玻色子中的每种粒子都有一种相应的"超对称粒子"。该理论旨在填补标准模型中的空白并消除矛盾。

对称性　系统在某种变换后保持不变的性质。了解保持不变的部分有助于识别系统中的守恒量，如能量、动量、电荷等。

多普勒效应　声音或光的波长（或频率）随着源与观测者之间的相对运动而偏移。

各向同性　从任意观测者的角度看去，物质在二维天空中各角度上均匀分布。

哈勃定律　又称哈勃–勒梅特定律，根据该定律，我们观测到深空天体所发生的红移被解释为它们在往远离地球的方向运动。

行星状星云　红巨星释放的不断膨胀的环形气体壳。

核合成　质子和中子形成新的原子核。

红巨星　恒星在演化最终阶段膨胀形成的明亮巨星，正消耗其最后的氢燃料，在光谱的红色至橙色波段发光。

红移　来自遥远星系的光由于空间的膨胀向更长的波长偏移。

黄道带　天空中包含太阳、月球及可见行星运行轨迹的带状区域。它被分为12个区域，分别以其中的星座命名。

角动量　衡量物体旋转的物理量。在不受外力的情况下，角动量守恒（保持不变）。

介子　由一个夸克和一个反夸克组成的亚原子粒子，质量介于电子和中子之间。它是将原

子核中的核子维系在一起的强相互作用的传播媒介。

精细结构常数　与电磁力强度有关的数字（其值接近 1/137），决定了带电基本粒子（电子和 μ子）与光（光子）之间的相互作用。

径向速度　由多普勒效应测得的天体远离（或接近）地球的速度。

均质性（参见各向同性）　该性质表明，物质在第三个沿空间纵深的维度上均匀分布。

空间　从粒子世界线之间的关系（而不是某种预先存在的绝对的三维框架的性质）中得出的时空性质。

空间速度　天体在三维空间中的速度大小和方向。

夸克　相互结合形成强子等复合粒子的基本粒子。夸克有6种类型：上夸克、下夸克、顶夸克、底夸克、奇夸克和粲夸克。它们各自都有对应的反粒子。

块体宇宙　该理论认为，宇宙

中过去、现在及未来的所有物体和事件都存在于一个四维体中。

类星体 也称类星射电源，指在遥远星系的星系核中发现的巨大射电能量源，其中可能包含大质量黑洞。

量子 离散的亚原子能量包。它是粒子相互作用能够涉及的最小能量。

量子电动力学 将量子力学与狭义相对论相统一，以解释光和物质之间的相互作用的场论。

量子色动力学 将强相互作用描述为夸克间以胶子为媒介的相互作用的量子场论。夸克和胶子均被赋予名为"色荷"的量子数。

量子隧穿 量子力学中，电子等粒子穿过它们在经典物理学中无法越过的能垒的现象。根据海森堡不确定性原理，粒子有一定的概率通过"隧穿"到达能垒的另一边。

量子引力 量子引力理论中的时空和引力场在普朗克尺度上是量子化的，就像电磁场由一个个光子组成那样。

量子涨落 粒子能量暂时变化或高能粒子凭空出现（受海森堡不确定性原理约束）的现象。它允许虚粒子–反粒子对的形成。

零点能 量子力学中物理系统在基态可能达到的最低能量。由于海森堡不确定性原理的存在，这一能量高于经典物理学所允许的最低能量。

脉冲星 快速旋转的中子星或白矮星，释放出非常强大的电磁辐射束。由射电天文学家乔斯琳·贝尔·伯内尔发现。

平方反比定律 强度（如亮度）与到源（如光源）的距离的平方成反比，即随着距离增加，强度依 $1/d^2$ 的公式降低。

普朗克时期 宇宙诞生初期紧接着大爆炸之后的一段时间。

强力（强相互作用） 支配所有物质的四种基本力之一。它令夸克结合在一起形成重子（如质子和中子）等复合粒子。

强子 参与强相互作用的亚原子粒子，例如重子和介子。

轻子 带有单位电荷的基本粒子，只受电磁力、引力和弱力

（而非强力）影响。轻子包括电子、μ子、τ子、中微子以及它们的反粒子。

圈量子引力 在这一引力理论中，四维时空由圈组成，圈相互联系形成了空间和时间。

弱相互作用 支配所有物质的四种基本力之一，在亚原子粒子间的短距离上有效。它是导致放射性衰变的原因。在弱相互作用中，粒子可能消失或重现。

熵 对封闭系统混乱程度的度量。

时间 时空的一种特征，其中物体的变化特性以名为钟表的设备测量，而不是尺子。

世界线 物体在四维时空中的路径，它包括物体从过去到未来所处的不同时刻及其在三维空间中的位置。

事件视界 黑洞的边界，没有任何物体（包括光）可以逃脱。

视差 从地球上两个不同的位置（或在同一个位置相隔6个月）观察时，同一个天体在视野中位置的变化。借助几何方

法可以通过位置的变化计算出天体到地球的距离。

视界问题 宇宙各部分尽管近140亿年没有接触，但仍维持着均匀的温度。如今，关于这一问题的解释由宇宙暴胀理论给出。

天文单位（AU） 地球到太阳的距离，天文学家把它作为描述太阳与其他太阳系天体间相对距离的单位。

吸积盘 包括气体和尘埃在内的恒星残骸受引力影响，在黑洞四周形成的旋转着的扁平物质盘。

弦论 该理论将粒子描述为在穿过最高十维的背景时空时振动的"弦"。

相对论 物体及其运动的性质只能以它们之间的关系（而不是空间和时间的绝对性质）定义。

引力子 引力场的量子（离散单位或基本元素）。

宇宙背景辐射 大爆炸产生的光。宇宙背景辐射随时间推移而冷却，如今只能在微波波段被探测到，即宇宙微波背景（CMB）辐射。

真空能量　真空依据海森堡能量–时间不确定性原理所隐含的能量。

质光比　用恒星、星系或星系团的质量除以光度得到的数字。

在识别恒星类型并测量其光度后，就可以利用质光比得到它的质量。

中子星　大质量恒星在超新星爆发后由于引力坍缩形成的体积很小的致密天体。

重子　质量大于等于质子的亚原子粒子。重子是由夸克构成的强子家族的一员。

自行　从地球上看，天体运动的二维速度大小和方向。

自旋　基本粒子的一种类似于旋转运动（内禀角动量）的性质，它赋予了宏观分子磁场及电荷。需要注意的是，这种类比并不完美，因为粒子实际上并没有旋转。

推荐阅读

第一章 探索宇宙

Mithen, S. (1997). *The Prehistory of the Mind*. Thames and Hudson Publishing.

An introduction to how the human mind evolved step by step from the cognitive abilities of primitive mammals. It discusses the brain regions and circuits that must pre-exist before our conscious deliberation of the world can arise and sets the stage for understanding how scientific thinking is an extension of our evolved model-building experience.

Sachs, O. (1985). *The Man who Mistook His Wife for a Hat*. Summit Books.

How we investigate the world to create a cosmological theory requires that our brains be organized in a specific way to perceive relationships.This process goes wrong with people suffering after a stroke from a condition called anosognosia. Sachs details the many ways that our brains can fabricate realities and get us to believe in very odd sensory worlds.

第二章 宇宙的组成

Rees, M. (1997). *Before the Beginning: Our Universe and Others*. Helix Books.

Rees, an astrophysicist, discusses many issues in cosmology from the standpoint of astronomical research, including observational Big Bang cosmology, Einstein's general relativity, the origin of galaxies, and speculations about the origin of the universe.

第三章 相对论革命：空间 2.0

Einstein, A. (1922) *The Meaning of Relativity*. Princeton University Press.

This excellent guide to relativity described space, time and spacetime in detail and how to think about them within the context of relativity. Included are his comments that space is a fiction.

第四章 相对论宇宙学

Hawking, S. (1988) *A Brief History of Time*. Bantam Books.

This theoretical physicist has been at the forefront of gravitation research and cosmology since the 1970s. This is his award-winning book that outlines for the general public what we know about the universe and the Big Bang, and what remains to be understood through a scientific approach.

第五章 黑暗的宇宙

Nicolson, I. (2007) *Dark Side of the Universe: Dark Matter, Dark Energy, and the Fate of the Cosmos*. Johns Hopkins University Press.

Covers the discovery of dark matter and dark energy through astronomical investigations and how physicists are searching for its causes in the Standard Model and beyond.

Freeman, K. and McNamara, G. (2006) *In Search of Dark Matter*. Springer-Praxis Books

This is a wide-ranging guide to dark matter and how it arose in astronomy based on observations in physics and astronomy. Written for the general public in a mostly non-technical style.

第六章 什么是物质？

Oerter, R. (2006) *The Theory of Almost Everything: The Standard Model, the Unsung Triumph of Modern Physics*. Pearson Education Press.

Describes the details of the discovery of the Standard Model and how it forms the basis of the deep structure of the universe.

第七章 标准模型之外

Pagels, H. (1985). *Perfect Symmetry: The Search for the Beginning of Time*. Simon and Schuster.

Describes the entire issue of symmetry in physics, including the search for a Grand Unified theory. He discusses the issue of cosmic origins, Planck-scale physics, black holes and inflationary cosmology in a very popular writing style.

第八章 神奇的星系"动物园"

Dickinson, T. (2017) *Hubble's Universe: Greatest Discoveries and Latest Images*. Firefly Books.

This is a comprehensive guide to the discoveries by the Hubble Space Telescope, including its deep space studies of quasars and infant galaxies.

Tyson, N. (2017) *Astrophysics for People in a Hurry*. W.W. Norton and Company.

A delightful and fast-paced introduction to the basic objects in the universe that form the ingredients to cosmology.

第九章 最初的恒星和星系

Mather, J. and Boslough, J. (1996). *The Very First Light: The True Inside Story of the Scientific Journey Back to the Dawn of the Universe*. Basic Books.

Mather was the Principle Investigator for the COBE instrument that determined the temperature of the cosmic microwave background and its black body spectrum. This book describes the history of creating such an instrument and getting NASA to approve the COBE spacecraft for launch in 1988.

第十章 原初元素的起源

Smoot, G. (1994). *Wrinkles in Time: Witness to the Birth of the Universe*. William Morrow & Company.

Smoot was the Principle Investigator for the COBE satellite instrument that discovered the anisotropy in the cosmic microwave background radiation. This book details the path he took to the Nobel Prize that he shared in 2006 with John Mather.

Weinberg, S. (1977). *The First Three Minutes*. Basic Books.

This is a must-read book that describes the conditions after the end of the Lepton Era. His pioneering investigation of the first three minutes after the Big Bang legitimized this area of cosmological research. This book describes his thoughts about the origin of the universe and its evolution.

第十一章 暴胀宇宙学

Greene, B. (1999) *The Elegant Universe: Superstrings, Hidden Dimensions, and the Quest for the Ultimate Theory*. W.W. Norton and Co.

This book is an extremely well written guide to string theory. The issues of hidden dimensions and the multiverse are explored by a leading string theorist and science popularizer.

Odenwald, S. (2015). *Exploring Quantum Space*. CreateSpace Publishing.

This book covers the many ways that physicists have thought about space, and how current discussions are mathematical models and not likely to be snapshots of what spacetime actually 'look' like. The discussions on string theory and loop quantum gravity emphasize the different objects used to represent these extreme conditions for spacetime.

Weinberg, S. (1992). *Dreams of a Final Theory*. Pantheon Books.

Weinberg details the search for a unified theory of physics that includes gravity. He discusses in detail the missing pieces of the puzzle which would take us beyond the Standard Model. He also discusses the limits to these investigations.

第十二章 宇宙形成

Barrow, J. & Tippler, F. (1986). *The Anthropic Cosmological Principle*. Oxford University Press.

This book describes the Anthropic Cosmological Principle and why it has come up in modern cosmology, as it considers the initial conditions of the Big Bang. It is semi-technical, and suitable for a college-level introduction to the subject.

Davies, P. (1992). *The Mind of God: The Scientific Basis for a Rational World*. Simon and Schuster.

This acclaimed work of popular science takes on the question of whether there is a supernatural reason for why the universe appears as it does, or if we are just lucky enough to be living within the right kind of cosmos out of all the possibilities. A good companion guide to the Anthropic Cosmological Principle.

Randall, L. (2005). *Warped Passages: Unraveling the Mysteries of the Universe's Hidden Dimensions*. Ecco Press.

This book is a detailed description of string theory and how it describes the nature of matter at the Planck scale. She discusses the string landscape and brane theory and how these portray the nature of spacetime and matter within the 10-dimensional Bulk.

Smolin, L. (2001) *Three Roads to Quantum Gravity: A New Understanding of Space, Time and the Universe*. Basic Books.

A detailed but non-technical guide to the elements of quantum gravity and how string theory and loop quantum gravity are attempting to unravel the details of how spacetime can be quantized. An especially good discussion of background-dependent and background-independent issues in relativity and quantum theory. His description of the universe as processes not things is brilliant, as is his step-by-step guide to loop quantum gravity.

第十三章 遥远的未来

Penrose, R. (2011) *Cycles of Time: An Extraordinary New View of the Universe*. Random House.

The best-selling author of *The Emperor's New Mind* and *The Road to Reality*, Penrose provides new views on three of cosmology's most profound questions: What, if anything, came before the Big Bang? What is the source of order in our universe? What is its ultimate future?

第十四章 时间

Krauss, L. (2012). *A Universe from Nothing: Why There Is Something Rather Than Nothing*. Atria Books.

This is a highly readable introduction to one of the most curious aspects of the universe – namely, that it exists at all. The discussions range from the discovery of the quantum vacuum to contemporary issues in quantum cosmology.

Roveli, C. (2016). *Reality Is Not What It Seems: The Journey to Quantum Gravity*. Penguin Random House.

This book discusses how time must play a key role in quantum gravity theory but its role is currently hidden and difficult to define. The development of loop quantum gravity is al so discussed through many excellent discussions and the use of analogies.

Smolin, L. (2013). *Time Reborn*. Mariner Books.

This is a companion to his *Three Roads to Quantum Gravity* book that treats how physics has eliminated time as a variable by considering the resulting mathematical equations in a timeless context. Issues such as the origin of the 'now' experience and how this is also missing from physics provide a comprehensive treatment of the 'problem' of time in modern physics.

图片来源